Dr. med. vet.
Anna Laukner

Dogfinder

100 Hunderassen im Partnertest

111 Farbfotos
30 Zeichnungen

Ulmer

Inhalt

Vorwort

Warum ist es so wichtig, sich vor dem Hundekauf eingehend über die geeignete Rasse zu informieren? Warum gibt es in fast jedem Rassezuchtverein so genannte Notvermittlungsstellen, die sich unter anderem um diejenigen Vertreter ihrer Rasse kümmern, mit denen die Erstbesitzer nicht mehr zurecht kamen? Und warum kann es – für den Menschen und erst recht für den Hund – problematisch werden, wenn der zukünftige Hausgenosse ausschließlich nach optisch-ästhetischen Gesichtspunkten ausgewählt wurde?

Oft ist der Tierarzt in seiner Sprechstunde der Erste, der dann davon erfährt, wenn der Haussegen schief hängt. Mancher frisch gebackene Hundebesitzer merkt nach wenigen Monaten, dass sich aus dem Zusammenleben mit dem Hund Probleme ergeben, die mit bestimmten Lebensumständen, mit dem Bewegungsdrang des Hundes oder schlicht mit ganz elementaren Bedürfnissen des Tieres zusammenhängen. Jeder Hund stellt bestimmte Grundanforderungen an seinen Besitzer. Doch das Ausmaß dieser Bedürfnisse kann je nach Rasse stark differieren.

Ziel dieses Buches soll es sein, Ihre Kompatibilität mit den einzelnen Hunderassen aufzudecken und Ihnen eine Entscheidungshilfe zu geben, welche Rasse am besten zu Ihnen und Ihrem Leben passt.

Ibiza, im Frühjahr 2003
Dr. Anna Laukner

Hunde und Rassehunde

Einleitung

Die Zuchtbücher der Rassehundeclubs sind erst seit circa 100 Jahren geschlossen, das heißt, Hunde mit nicht eingetragenen Elterntieren werden in der Regel nicht mehr zur Zucht zugelassen. Zwar gab es auch schon in der Zeit vorher unterschiedliche Hunderassen. Diese benötigte man aber für mehr oder weniger festgelegte Aufgaben. Entsprechend setzte man hauptsächlich diejenigen Tiere zur Zucht ein, die sich für diese Aufgaben am besten eigneten – egal, ob sie reinrassig im heutigen Sinne waren oder nicht. Familienhunde, wie wir sie heute kennen, sind eine moderne Erfindung und sie stammen fast durchweg von Hunden ab, die über viele Generationen hinweg bestimmte Aufgaben zu erfüllen hatten.

Die Voraussetzungen, die ein Hund mitbringen muss, um für bestimmte Aufgaben eingesetzt werden zu können, sind zum großen Teil genetisch verankert. So ist den meisten Retrievern das Apportieren angeboren, Settern und Pointern das Vorstehen. Border Collies treiben, meist auch ohne entsprechende Ausbildung, alles zusammen, was zwei oder vier Beine hat. Natürlich muss man den Arbeitshund durch Erziehung und Ausbildung auf seinen „Beruf" vorbereiten. Bestimmte Tätigkeiten zu erlernen fällt aber manchen Rassen einfach leichter als anderen. Einen Australischen Kelpie würde man beispielsweise kaum dazu bringen können, Rebhühner vorzustehen. Auf der anderen Seite wiederum lernt ein Pointer bestimmt nur in Ausnahmefällen, eine Herde Schafe in einen Pferch zu treiben.

Sie werden sich nun fragen, was das mit Ihnen zu tun hat. Sie wollen doch einfach nur einen Hund, der mit Ihnen und Ihrer Familie spielt, mit spazieren geht und höchstens mal auf den Kinderwagen aufpasst.

So einfach es scheint, so schwierig kann es manchmal sein, einen Hund in bestimmte Lebensumstände zu integrieren. Manche Hunderassen, darunter oft ausgesprochene Schönheiten, haben sehr spezielle Anforderungen an Haltung und Erziehung. Für manche Haltungsbedingungen eignen sie sich gar nicht. In vielen Hundebüchern wird fast jede Hunderasse als kinderfreundlich, leicht erziehbar und idealer Familienhund beschrieben. Ähnlich lautende Formulierungen liest man auch in den Annoncen gewerbsmäßiger Hundevermehrer und -händler. Solche Informationen führen oft zu Spontankäufen, vor allem, wenn die Welpen (was ja fast immer der Fall ist) besonders süß und knuddelig aussehen. Auch bestimmte Hunderassen, die häufig als Sympathieträger in der Werbung eingesetzt werden (West Highland White Terrier, Dalmatiner, Golden Retriever), lassen die entspre-

Cocker Spaniel.

chenden Welpenzahlen in die Höhe schnellen.

Hinweis

Jeder Rassehund ist ein Individuum, das unter Umständen von der Norm seiner Rasse abweichen kann!

In jeder Rasse gibt es Vertreter, die als Ausnahmen von der Regel nicht rassetypische Verhaltenszüge zeigen. Und natürlich ist der Hund, wie der Mensch, nicht nur genetisch programmiert, sondern wird auch durch Umwelteinflüsse geprägt.

Im Zweifelsfall wird ein erfahrener Züchter, der sich intensiv mit seinen Welpen beschäftigt, Wesens- oder Charakterunterschiede schon früh erkennen und in die entsprechende Käuferberatung mit einbeziehen.

Seriöse Züchter wünschen sich für ihre Welpen nur das Beste, und aus diesem Grund werden sie Ihnen unter Umständen viele, zum Teil auch etwas „indiskrete" Fragen stellen. Der Züchter wird sich nach Kräften bemühen, Ihnen denjenigen Welpen aus einem Wurf zu geben, von dem er glaubt, dass er am besten zu Ihnen passt. Und sollte es tatsächlich passieren, dass Ihnen ein Züchter partout keinen seiner Welpen verkaufen möchte, so versuchen Sie, trotz aller Entrüstung, sich die Gründe erklären zu lassen. Er kennt die Rasse – und seine Hunde insbesondere – höchstwahrscheinlich besser als Sie; und unter Umständen hat er erkannt, dass weder Sie noch der Hund miteinander glücklich würden.

Was ist ein Rassehund?

Eine Rasse ist eine Gruppe innerhalb einer Art (in unserem Fall die Art *Canis lupus*, der Haushund), die durch künstliche Selektion, also durch Zuchtauslese, entstanden ist. Tiere einer Rasse weisen eine Vielzahl gemeinsamer äußerer und meist auch wesensmäßiger Merkmale auf. Diese Merkmale sind, sofern es sich um eine planmäßig gezüchtete Rasse innerhalb

Links: Europäische Zwergschnauzer um 1907 wirkten robust und vierschrötig.
Mitte: Der moderne Zwergschnauzer amerikanischer Zuchtrichtung unterscheidet sich in Haartracht und Statur stark von seinem Urahn.
Rechts: Der heutige deutsche Zwergschnauzer wird nicht mehr kupiert.

einer Zuchtgemeinschaft handelt, in Form eines Rassestandards niedergeschrieben. Eine Rasse ist kein starres Gebilde. Sie kann sich sowohl über geographische als auch über zeitliche Distanzen hinweg unterscheiden und verändern. So sind populäre Rassen, die nach fast identischen Standards gezüchtet werden, in unterschiedlichen Kontinenten, ja teilweise sogar nur in unterschiedlichen Ländern desselben Kontinents oft von ganz unterschiedlichem Typ. Arbeits- und Showhunde derselben Rasse können ebenfalls stark variieren, und schließlich sind oft auch über die Jahrzehnte hinweg gravierende Veränderungen im Äußeren einer Rasse festzustellen. Diese oft als „Typverbesserungen" bezeichneten Veränderungen führten in manchen Fällen zu grotesk anmutenden Formen. Was also dem einen als formvollendete Schönheit erscheint, mutet so manchen Hundefreund eher befremdlich an.

Warum ein Rassehund?

Gleich vorneweg: Rassehunde sind nicht besser oder schlechter als Mischlinge. Rassehunde entstanden irgendwann einmal aus der gezielten Verpaarung von rasselosen Hunden, die bestimmte Gemeinsamkeiten aufwiesen. Ebenso können Mischlinge aus der Verpaarung verschiedener Rassehunde entstehen. Oft sind die Übergänge auch fließend, vor allem bei Rassen, die von keinem offiziellen Verband anerkannt werden und die nach dem reinen Leistungsprinzip selektiert werden (Alaskan Husky, Harzer Fuchs, Lurcher et cetera). Ebenso gibt es Hunderassen, die erst vor wenigen Jahrzehnten als Rasse anerkannt wurden und die aus der gezielten Kreuzung verschiedener Rassen (Eurasier) oder sogar rasseloser Hunde (Kromfohrländer) stammen. Das, was einen Rassehund von einem Mischling unterscheidet, ist eine gewisse Vorhersagbarkeit von physischen und auch psychischen Eigenschaften. Natürlich gibt es auch innerhalb einer Rasse bis zu einem gewissen Grad Abweichungen (andernfalls würde es sich ja um Klone handeln), doch sind die Gemeinsamkeiten innerhalb einer Rasse größer als deren Unterschiede. Bei einem Mischlingswurf hingegen lässt sich nur unter Vorbehalten eine Aussage über das spätere Aussehen und vor allem auch das Wesen der Hunde machen. Natürlich kann man über die Elterntiere (soweit sie bekannt sind) eine bestimmte Prognose treffen. Es ist aber dennoch nicht mit Sicherheit zu sagen, was sich tatsächlich durchsetzen wird. Was aber, wenn beide Elterntiere selbst schon Mischlinge waren? Hier wird selbst ein Hunderassenkenner nur äußerst zurückhaltend eine Vorhersage wagen.

Natürlich kann es sehr spannend sein, einen Mischlingswelpen mit unbekannten Vorfahren aufzuziehen. Wer aber keinerlei Erfahrung mit Hunden hat und wessen Lebensumstände wie Wohnungsgröße oder Lebensalter

Rechte Seite:
In Deutschland darf bei Hunderennen nicht um Geld gewettet werden. Die Hunde starten nur zum Vergnügen! (Salukis beim Start)

3
4

eventuell bestimmte Hundetypen nicht erlauben, kann mit dem falschen Mischling genauso eine unangenehme Überraschung erleben wie mit der falschen Hunderasse. Prinzipiell ist auch das Tierheim eine geeignete Anlaufstelle, um zu einem Rassehund zu kommen. Hier darf man allerdings nicht vergessen, dass sehr viele Hunde, die ins Tierheim abgegeben werden, bereits eine Reihe unangenehmer Erfahrungen machen mussten: Oft waren die Erstbesitzer mit ihnen überfordert. Sie haben eine unbekannte Vorgeschichte und manche dieser Tiere haben aus diesem Grunde nicht einmal eine elementare Erziehung genossen.

Hunde mit Vorgeschichte

Für eine Person, die bereits über etwas Hunderfahrung verfügt, vielleicht sogar mit der entsprechenden Rasse, kann ein Tierheimhund der beste Freund werden.

Unerfahrene Familien, vor allem mit kleinen Kindern, sollten sich allerdings eingehend mit dem Tierheimpersonal unterhalten (in den meisten deutschen Tierheimen ist dies sowieso obligatorisch), um dem Hund weitere traumatische Erfahrungen zu ersparen.

Links: Mischlinge sind genauso „wertvoll" wie ihre reinrassigen Artgenossen! Lediglich ihre spätere Größe, Aussehen und Temperament ist weniger vorhersagbar als beim Rassehundwelpen.

Unten: Der kleine Mischlingswelpe ist zu einem großen Hund geworden.

Greyhound – Renntyp

Greyhound – Showtyp

Der Renntyp und der Showtyp des Greyhounds unterscheiden sich deutlich.

Wie entstanden die Hunderassen?

Der Hund ist eines der genetisch formbarsten Säugetiere. Mittlerweile gilt die einhellige Lehrmeinung, dass der Wolf der alleinige Stammvater des Hundes ist. Auch wenn es innerhalb der Art Wolf beträchtliche Unterschiede hinsichtlich Körpergröße und -gewicht sowie Fellfarbe (schwarz, weiß und alle Schattierungen der Wildfärbung) gibt, so steht dies in keinem Verhältnis zu der Mannigfaltigkeit an verschiedenen Hunderassen und deren Mischlingen.

Noch in den 30er Jahren des 20. Jahrhunderts waren die Pekinesen relativ hochläufige Hunde mit moderater Felllänge. Heute sieht man häufig extrem niedrig gebaute Pekinesen mit bodenlangem Pelz.

Hier kann es Unterschiede in nahezu jedem körperlichen Merkmal geben, und zwar in allen Extremen und in jeder nur erdenklichen Zwischenstufe. Auch das Verhalten des Haushundes kann rasse- beziehungsweise typspezifische Besonderheiten aufweisen, die über eine Jahrzehnte lange Selektion durch den Menschen gefestigt wurden.

Sowohl die physischen als auch die psychischen Merkmale der Hunderassen entstanden durch Mutationen. Diese Mutationen, die zuerst wohl bei gezähmten Wölfen auftraten, wurden mittels gezielter Selektion durch den Menschen begünstigt, sofern sie ihm nutzten oder gefielen. Denn um bestimmte Merkmale, seien es körperliche oder auch verhaltensmäßige, gezielt in einer Rasse zu erhalten, ist das Lenken durch Züchterhand erforderlich. Wenn also zufällig eine neue Eigenschaft bei einem einzelnen Hund oder bei einem Wurf Hunde auftrat, von der sich der Mensch besonderen Nutzen versprach, so wurden genau diese Hunde weiter verpaart.

In der Vergangenheit lag das Augenmerk mehr auf Arbeitsleistung, weniger auf einer besonders hübschen Farbverteilung oder einer in einem bestimmten Winkel getragenen Rute. Deswegen zeichnen sich die meisten Hunderassen auch durch einen bestimmten, rassetypischen Charakter und durch Fähigkeiten aus, die meist in enger Verbindung zu ihrem ehemaligen Einsatzgebiet stehen. Die Zucht auf ein besonders einheitliches äußeres Erscheinungsbild ist eine eher moderne Erscheinung – bei den meisten Rassen nicht älter als 120 bis 150 Jahre, bei vielen sogar noch jünger.

Da sehr viele Rassen in der heutigen Zeit ausschließlich als reine Familienhunde gehalten werden, liegt das Augenmerk der Züchter mittlerweile auf einem ausgeglichenen, eher gemäßigten Temperament. Eigenschaften, die über viele Generationen hinweg gefestigt wurden, lassen sich nicht von heute auf morgen umzüchten.

> Es ist von entscheidender Wichtigkeit, sich bei der Auswahl der Rasse über das rassetypische Wesen und auch die Anforderungen, die der Hund stellt, zu informieren.

Viele Züchter halten auch auch ganz bewusst am Charakter ihrer Rasse fest. Welche Einstellung letztendlich die richtige ist, darüber ließe sich bestimmt streiten. Gute Argumente gibt es auf beiden Seiten. Und solange die Hunderassen sich nicht nur äußerlich unterscheiden, sollte man sich für den Hund entscheiden, der tatsächlich zu einem passt, und nicht darauf hoffen, dass der Traumhund sich unserem Leben irgendwie schon anpassen wird.

Welches sind die Nachteile von Rassehunden?

Alle Hunde einer Rasse sind mehr oder weniger miteinander verwandt. Manche Rassen gehen auf nur wenige Stammtiere zurück, andere entstammen einer relativ breiten Basis. Da für fast alle von der F.C.I. (Fédération Cynologique Internationale, Internationale Hundezuchtorganisation) anerkannten Rassen schon seit vielen Generationen geschlossene Zuchtbücher existieren, können in der Regel keine Hunde mit fremdem Blut in die Zucht eingeführt werden. Selbst Hunde, die aus dem Ausland importiert werden, haben dieselben Wurzeln wie ihre Rassegenossen hierzulande.

So werden also immer wieder Tiere miteinander gepaart, die eine sehr ähnliche genetische Ausstattung haben und das hat letztendlich auch zu der oft erstaunlichen Gleichförmigkeit innerhalb mancher Rassen geführt. Da in der heutigen Rassehundezucht das Äußere des Hundes eine große Rolle spielt, fallen oft Tiere, die dem Rassestandard in bestimmten Punkten nicht entsprechen, für die Fortpflanzung aus. Eine nicht erwünschte Fellfarbe, eine nicht korrekte Größe oder Rutenhaltung können einen sonst gesunden und wesensfesten Hund unter Umständen disqualifizieren.

Dieses Festhalten an relativ starren Auswahlkriterien kann über die Einengung der Zuchtbasis und die einseitige Selektion zu gesundheitlichen Problemen führen. Erbkrankheiten, die teilweise erst in späterem Alter zum Ausbruch kommen, insgesamt verminderte Fitness durch Immunschwächen oder auch ein schwaches Nervenkostüm können die Folge sein.

Es gibt aber noch weitere Ursachen für eine Einengung der Zuchtbasis, die eher organisatorischer Natur sind: Selbst in Rassen, die über eine große Population verfügen, gibt es Rüden, die wesentlich häufiger zur Zucht eingesetzt werden als andere. Dies sind Hunde, die durch einschlägige Ausstellungserfolge oder Prüfungsergebnisse zu begehrten Deckrüden geworden sind. Viele Züchter lassen ihre Hündinnen von diesen Rüden decken.

Andere Zuchtrüden, die aus einer vielleicht etwas unbekannteren Linie stammen und nicht ganz so spektakulär sind, kommen hingegen nur selten zum Einsatz. Manche Rasseklubs wirken dieser Art von Starkult durch eine strenge Beschränkung der zugelassenen Deckakte entgegen. Bei anderen Rassen hingegen dürfen einzelne Rüden an die 60 Deckakte pro Jahr vollziehen. Stellt sich nun im Nachhinein heraus, dass ein solcher Rüde Träger einer Erbkrankheit ist, so hat er das entsprechende Gen unter Umständen schon an eine beträchtliche Anzahl von Nachkommen weiter gegeben. Auch Wesensmängel wie unmotivierte Aggressionsattacken konnten bei mindestens zwei Rassen in der Vergangenheit auf jeweils einen bestimmten, häufig eingesetzten Deckrüden zurückgeführt werden.

Eine weitere Praxis ist, zumindest tendenziell für eine nicht ungefährliche Einengung der Zuchtbasis verantwortlich: Die Unterteilung einer Rasse in Untergruppen: nach Farbschlägen, Größenschlägen, Haarart und ähnlichen Kriterien, wobei die Vertreter der einzelnen Untergruppen nicht untereinander verpaart werden dürfen. Dies gilt zum Beispiel für Zwerg-, Klein-, Mittel- und Großspitz, für die verschiedenen Farbschläge der Deut-

schen Dogge oder für die Lang- und Stockhaar-Bernhardiner. Auch die Tatsache, dass für eine Rasse in Deutschland oft zwei und mehr Zuchtclubs existieren, bei denen der Austausch von Zuchttieren nicht auf der Tagesordnung steht, birgt eine gewisse Gefahr für die Vielfalt der genetischen Ausstattung.

Es ist sicher nicht einfach, in diesem Dilemma eine Lösung zu finden, die Rassehunde garantiert, die dem Rassestandard entsprechend einheitlich aussehen und gleichzeitig vital, von stabilem Wesen sowie mehr oder weniger frei von Erbkrankheiten sind. Um diesem fast utopisch anmutenden Wunsch näher zu rücken, müssten erst ein paar grundlegende Dinge geklärt werden: Wie sieht das körperliche Ideal der einzelnen Rassen aus?

Kleiner hübscher Mischling.

Links: Der Chow Chow um 1900 ähnelt dem heutigen Eurasier. Rechts: Moderne Chows sind gedrungener, haben üppigeres Fell und stärkere Faltenbildung.

Entspricht es dem Bild, nach dem der entsprechende Rassestandard formuliert wurde? Oder entspricht es vielmehr dem Wunschdenken der jeweils aktiven Richter auf den Hundeausstellungen?

Beobachtet man die einzelnen Hunderassen im Wandel der Jahrzehnte, so kann man teilweise gravierende Veränderungen feststellen, die sich nicht allein durch Standardänderungen erklären lassen, sondern eher durch einen veränderten Publikumsgeschmack, also durch die Mode. In vielen Fällen wurden ehemals robusten, moderat erscheinenden Rassen extreme Körpermerkmale angezüchtet, die sich durch keine Standardformulierung rechtfertigen lassen und die bei manchen Individuen nachweislich zu gesundheitlichen Einschränkungen führen.

Sollen Hunde in unserer heutigen Gesellschaft einheitlich auf Familientauglichkeit gezüchtet werden oder soll jede Rasse ihren typischen Charakter behalten?

Kurzköpfigen Hunderassen vertragen starke Hitze schlecht: Wandertouren im Hochsommer sind mit ihnen tabu! (Englische Bulldogge).

Diese Frage nimmt in unserer modernen Welt eine zentrale Rolle ein. Wie bereits an anderer Stelle bemerkt, zeichnen sich Rassehunde bedingt durch ihre generationenlange Leistungsselektion durch einen mitunter sehr ausgeprägten rassetypischen Charakter aus. Dies kann zu Problemen in der Haltung und Erziehung

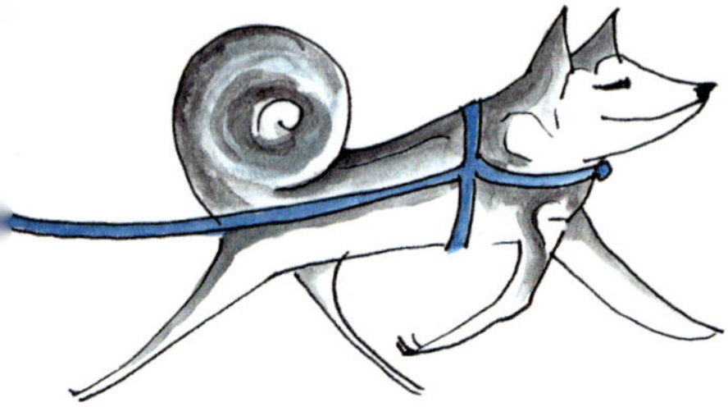

führen, wenn sich die Besitzer nicht bereits vorab über die Ansprüche der Rasse informiert haben und auch bereit sind, dem Hund eine angemessene Beschäftigung zu bieten oder bestimmte Umstände zu berücksichtigen. Die Züchter und die Zuchtklubs sind sich in dieser Frage oft nicht ganz einig: Manche wollen den ausgeglichenen Familienhund, der sich an die unterschiedlichsten Lebensbedingungen anpasst, verträglich mit anderen Tieren und sehr freundlich im Umgang mit allen Menschen ist. Andere Züchter hingegen wollen gerade das Typische im Charakter ihrer Rasse erhalten.

Die Haltung und Beschäftigung eines speziellen Hundes, der sich nicht für Jedermann eignet, stellt für sie einen besonderen Reiz dar. Natürlich wollen viele Züchter gerade das rassetypische Wesen als Kulturerbe erhalten, und dieses bedingt eben bei manchen Rassen auch eine bestimmte Haltungs- und Beschäftigungsform (zum Beispiel Hütetrieb bei Border Collies, ausgeprägter Renn- und Hetzdrang in vielen Windhundelinien, ausgeprägter Bewegungsdrang der meisten Schlittenhunde).

Solange es rassetypische Besonderheiten gibt, die über das Mittelmaß hinaus gehen, sollte es die Pflicht jedes zukünftigen Hundebesitzers sein, sich im Vorfeld über seine Wunschrassen zu informieren und die Pflicht eines jeden Züchters, den möglichen Welpeninteressenten nicht nur die Vorteile, sondern auch die Ansprüche seiner Rasse nahe zu bringen!

Die Gesundheit sollte als Zuchtziel ganz oben stehen, denn nicht nur für das Tier selbst, sondern auch für seinen Besitzer, können genetisch bedingte Krankheiten viel Leid und Belastung bedeuten. Hier nur dem verantwortungslosen Züchter den Schwarzen Peter zuzuschieben, löst die Probleme nicht.

Erbkrankheiten gibt es in fast jeder Rasse (Golden Retriever).

Viele Erbkrankheiten sind auch heute noch nicht weit genug erforscht, um sie im Vorfeld diagnostizieren zu können. Auch die Erbgänge können oft nur vermutet werden, so dass für viele Probleme noch nicht einmal konkrete Zuchtprogramme empfohlen werden können.

Es gibt sicherlich nur sehr wenige seriöse Züchter, die wissentlich schwere Erkrankungen ihrer Tiere in Kauf nehmen. Oft fehlt einfach das entsprechende Wissen. Hinzu kommt in manchen Fällen auch das fehlende Feedback durch die Hundebesitzer.

Anders sieht es leider bei gewerbsmäßigen Hundevermehrern aus, deren einziges Ziel der wirtschaftliche Gewinn ist und die oft als Hundezüchter, meist vieler verschiedener Rassen, in der Tagespresse inserieren. Auf jeden Fall sind die tiermedizinische Forschung, die Zuchtclubs und die Züchter gleichermaßen gefordert, alles zu tun, um den Kenntnisstand auf dem Gebiet der Erbkrankheiten und deren Vermeidung zu verbessern und die vorhandenen Erkenntnisse auch in die Praxis umzusetzen.

Qualzuchten

Die Fixierung auf bestimmte Körpermerkmale kann manchmal seltsame Blüten treiben: Ehemals moderate Merkmale, die den Hund zu seiner jeweils spezifischen Aufgabe besonders befähigen sollten, werden durch Übertreibung auf die Spitze getrieben. Die Medien präsentieren hiervon betroffene Rassen dann generell als Qualzuchten. Bisweilen ist dies bestimmt auch gerechtfertigt, doch sind die meisten Übergänge fließend: Wer möchte exakt bestimmen, wann das Fell eines Bobtails zu üppig, wann die Augen eines Chihuahuas zu groß und wann die Beine eines Dackels zu kurz sind? Dies sind nur einige Beispiele aus einer sehr langen Reihe von teilweise übertriebenen Merkmalen. Diese jedoch nach Zentimetern und Kilogramm unter einem Qualzuchtparagrafen zusammenzufassen, dürfte in der Praxis schwierig sein, da die meisten dieser Merkmale auf polygenetische Erbgänge zurückgehen. Das heißt, dass mehrere, teilweise auch unbekannte Gene an der Ausprägung dieser Merkmale beteiligt sind. Oft spielen ebenso Umwelteinflüsse eine Rolle. Und selbst wenn es ein einzel-

Nackthunde werden seit vielen Jahrhunderten gehalten. Ihre Zucht ist heute umstritten.

nes bekanntes Gen ist, das einen bestimmten Defekt verursacht, so gibt es oft viele Modifikator-Gene, die diese Ausprägung verstärken oder auch abschwächen können. Ein Beispiel sind die niederläufigen Hunderassen, zu denen der Dackel gehört. Verkürzte Gliedmaßen haben sie alle, aber es gibt doch krasse Unterschiede und alle möglichen Zwischenstufen.

Durch kein Gesetz und keinen Paragrafen kann festgelegt werden, bei wie viel Zentimetern oder bei wie viel Prozent der Tatbestand der Qualzucht erfüllt ist. Außerdem kann man auch bei der Verpaarung moderater Elterntiere nie ganz sicher gehen, dass nicht der eine oder andere genetische Ausreißer unter den Nachkommen sein wird. So liegt ein Großteil der Verantwortung bei den Zuchtrichtern und bei den Züchtern selbst, denn diese müssen schließlich entscheiden, ob sie ein bestimmtes Tier zur Zucht einsetzen wollen oder nicht.

Etwas anders sieht es aus bei monogenetisch vererbten Merkmalen, das heißt bei Merkmalen, die jeweils durch ein einziges Gen, dominant oder rezessiv, vererbt werden. Zu diesen, weit besser bekannten Genen gehört zum Beispiel der Merle-Faktor, der bei mischerbigen Tieren zu einer attraktiven Fellfärbung (Beispiele: Harlekin-Dogge, Blue-Merle-Collie) führt, im reinerbigen Zustand jedoch fast reinweiße Tiere mit oft schwersten Störungen der Sinnesorgane hervorruft. Mittler-

Rechts:
Cocker Spaniel, Mops und Rauhaardackel: Alle drei sind beliebte Begleithunde.

Der Bouvier des Flandres wurde früher als Zug- und Treibhund eingesetzt. Sein Fell war recht harsch und wurde kurz gehalten, Rute und Ohren kupiert.

Bis in die Achtziger Jahre des 20. Jahrhunderts kannte man den Ausstellungs-Bouvier so.

Heute belässt man dem Bouvier seine natürlichen Hängeohren und seine lange Rute.

weile ist die Verpaarung zweier Merle-Träger in allen entsprechenden Zuchtclubs verboten. Ein weiteres Beispiel ist der Faktor für Haarlosigkeit, der in mischerbigem Zustand haarlose Hunde mit „nur" fehlenden Zahnanlagen hervorbringt, im reinerbigen Zustand allerdings die Welpen oft schon im Mutterleib absterben lässt.

In solchen Fällen wäre es durchaus denkbar, die Zucht mit Tieren, die die entsprechenden Gene tragen, per § 11c des Tierschutzgesetzes verbieten zu lassen.

Unterscheiden muss man außerdem zwischen standardbedingten Problemen, die eine Hunderasse belasten können – man denke nur an die oft hängenden Unterlider der Bloodhounds und Bassets – und Erbkrankheiten, die im weiteren Sinne nichts mit der Rasse zu tun haben, sondern bei verschiedenen Rassen auftreten wie bestimmte Augenerkrankungen oder Stoffwechselstörungen.

Die ursprünglichen Aufgaben der Hunderassen

In früheren Zeiten war das Leben der Menschen in Mittel-Europa viel beschwerlicher als heute. Viel mehr Menschen lebten von der Landwirtschaft. Oft stellte Wild eine willkommene Bereicherung des eintönigen Speiseplans dar. Die Städte waren kleiner. Wesentlich mehr Menschen lebten auf dem Land, entweder in Dörfern oder auf einsamen Gehöften. Bei der täglichen Arbeit waren Menschen auf die Hilfe von Hunden angewiesen. Sie wurden in ganz unterschiedlichen Bereichen eingesetzt, von denen die wichtigsten im Folgenden erläutert werden.

Herden-, Wach- und Hofhunde

Hütehunde: Diese Gruppe war und ist dafür zuständig, dass eine frei weidende Herde von Nutztieren, meist Schafe, aber auch Rinder, Ziegen oder Gänse einen bestimmten, ihr zugedachten Bereich nicht verlässt und dass sich einzelne Tiere nicht von der

Hütehunde

Folgende Rassen und deren Vorfahren gehören zu den Hütehunden: Deutscher Schäferhund, Collie, Bearded Collie, Border Collie, Berger de Brie, Shetland Sheepdog, Bobtail, Belgischer Schäferhund, Berger des Pyrenées, PON, Australian Shepherd Dog.

Herde entfernen. So sollte verhindert werden, dass die Weidetiere auf einen Acker laufen, auf fremdes Terrain geraten oder schlicht und einfach davon laufen. Hütehunde arbeiten meist eng mit dem Schäfer oder Hirten zusammen. Sie arbeiten sehr konzentriert und ausdauernd und sind in der Lage, auf viele unterschiedliche Signale – Worte, Pfiffe oder Handzeichen – entsprechend zu reagieren.

Der Instinkt, eine Herde zusammenzuhalten, in eine bestimmte Richtung zu treiben oder einzelne Tiere gezielt aus der Herde zu separieren, rührt nicht etwa aus dem Bereich des Sozialverhaltens innerhalb des Wolfsrudels her, sondern aus dem Bereich des Jagd- und Beuteverhaltens. Ähnlich wie Wölfe ein Rudel Hirsche oder ähnliche Beutetiere verfolgen, umzingeln und schließlich ein Tier separieren, hütet der Hund die Herde. Lediglich die letzte Handlung, der Angriff und schließlich die Tötung des Beutetieres entfällt.

Treibhunde: Die Hunde dieser Gruppe sind meist größer, schwerer und auch wehrbereiter als die Hütehunde. Zwar trieben auch sie Vieh (meist Rinder). Ihre wichtigste Aufgabe war es aber weniger, die Herde zusammenzuhalten, sondern die ihnen anvertrauten Tiere und ihren Herrn auf längeren Fußstrecken, meist zum Schlachthof oder beim Almauf- oder -abtrieb zu begleiten und auch zu schützen. Oft wurden diese großen und starken Hunde auch vor Karren gespannt, um zum Beispiel die Milch zur Molkerei zu transportieren.

Treibhunde

Zu den Treibhunden gehören: Rottweiler, Berner Sennenhund, Großer Schweizer Sennenhund, Bouvier des Flandres.

Herdenschutzhunde: Diese Hunde wurden und werden immer noch als Wächter der Herden eingesetzt. Sie sollen die Schafe, aber auch die Hirten und deren Besitz vor vier- und zweibeinigen Räubern schützen. Entsprechend groß und wehrhaft müssen solche Hunde sein, außerdem robust und genügsam, denn sie verbringen mitunter Monate auf einsamen Bergweiden oder auch in den großen Ebenen Ost-Europas und Eurasiens. Bodenständige deutsche und englische Herdenschutzhunde gibt es nicht. Die entsprechenden Rassen stammen alle aus anderen Europäischen Ländern.

Herdenschutzhunde

Zu diesen Rassen, die sehr viel Fingerspitzengefühl in der Erziehung erfordern, auch wenn sie noch so bärig-gemütlich aussehen, gehören:
Kuvasz, Pyrenäenberghund, Komondor, Kaukasischer Owtscharka, Kangal.

Wach- und Hofhunde: Natürlich gab es auch immer Hunde, die zuhause blieben und Haus und Hof hüteten. Solche Hunde sollten sich innerhalb der Familie und gegenüber den hofeigenen Tieren duldsam und freundlich zeigen, Fremde oder gar Eindringlinge aber zuverlässig melden, wenn nötig auch stellen.

Wach- und Hofhunde

In diesem Bereich eingesetzt wurden die Vorfahren von:
Hovawart, Mittelschnauzer, Spitz, Dobermann, Leonberger, Mastiff.

Natürlich gibt es fließende Übergänge zwischen den einzelnen Bereichen. Jeder Treibhund musste auch Haus und Hof hüten, wenn er zuhause war, ebenso wie die Herdenschutzhunde. Diese Vielseitigkeit ursprünglicher Arbeitsrassen beruht natürlich auch darauf, dass die Menschen früher weder die Mittel noch die Muse hatten, für jeden Teilbereich speziell einen Hund zu züchten und auszubilden.

In vielen Ländern gibt es daher neben den Spezialisten auch die „Mädchen für alles“, die eben einfach auf Hof und Vieh aufpassten, ihre Herrschaft auf notwendigen Reisen, ob zu Fuß, mit dem Wagen oder auch einmal auf der – oft illegalen – Jagd begleiteten und vielleicht noch auf dem Hof die Ratten kurz hielten. Zwei Beispiele für solche Vielseitigkeitshunde aus ganz unterschiedlichen Gegenden der Welt sind der Mittelschnauzer aus Deutschland sowie der Tibet Terrier und der Lhasa Apso aus Tibet – jeweils Rassen, die sich heute großer Beliebtheit als robuste und vielseitige Familienhunde erfreuen.

Manche der oben angeführten Rassen sind relativ moderne Neuzüchtungen, die entweder direkt als Wach- und Schutzhunde (Dobermann, aber auch der seltenere Russische Terrier) oder als Hof- und Familienhunde (Leonberger) regelrecht geplant und kreiert wurden.

Die heute offiziell anerkannten Schutzhunderassen, die eine Schutzhundeausbildung zur Zuchtzulassung brauchen und die auch ihren Einsatz im Polizeidienst finden, kommen – bis auf den Boxer und den Airedale Terrier – aus einer der oben aufgeführten Sparten: Deutscher Schäferhund, Malinois (der kurzhaarige Belgische Schäferhund), Riesenschnauzer, Hovawart, Bouvier des Flandres, Rottweiler und Dobermann).

Jagdhunde

Die zweite große Gruppe sind die Jagdhunde. Hier gibt es in den unterschiedlichen Ländern eine Vielzahl mehr oder weniger spezialisierter Rassen, die teilweise auch heute noch ausschließlich von Jägern gehalten und eingesetzt werden (Foxhound, Deutscher Jagdterrier, Deutsche Vorstehhunde).

Andere Jagdhunderassen sind im Laufe des vergangenen Jahrhunderts, manchmal sogar noch früher zu reinen Familienhunden geworden (Pudel, West Highland White Terrier, Scotch Terrier). Für manche Rassen existieren sowohl rein jagdliche Zuchten als auch reine Familienhundzuchten (Dackel, Labrador, Golden Retriever, Cocker Spaniel). Manchen Rassen zeigen deutlich die Tendenz zum reinen Familienhund. Je nach Einsatzgebiet unterscheiden sie sich teilweise gravierend in ihrem Wesen:

Vorstehhunde: Die Vorstehhunde sollen dem Jäger anzeigen, wo sich das Wild, meist Federwild, daher auch die Bezeichnung „Hühnerhund", verborgen hält. Dies tun sie, indem sie vorstehen: Der ganze Körper erstarrt in Richtung auf das Wild. Dabei wird ein Vorderlauf angehoben. Manche Vorstehhunde zeigen auch im Liegen oder im Sitzen an. Entscheidend ist einzig und allein, dass sie das Wild, haben sie es einmal geortet, nicht aufscheuchen sondern vor ihm verharren. Die meisten Vorstehhundrassen zeichnen sich durch ein sehr sanftes Wesen dem Menschen gegenüber aus. Die einzige Rasse, bei der ein Mannschärfenachweis zur Zucht gefordert wird, ist der Weimaraner.

Vorstehhunde

Ausgesprochene Spezialisten unter den Vorstehhunden sind die englischen Pointer und Setter. Aber auch in den kontinental-Europäischen Ländern gibt es bodenständige Vorstehhundrassen: in Deutschland die Deutschen Vorstehhunde, den Weimaraner, die beiden Münsterländer sowie den Pudelpointer; in Frankreich die kurzhaarigen Braques, die langhaarigen Epagneuls und den rauhaarigen Korthals Griffon.

Die meisten Vorstehhunde, die in Deutschland jagdlich geführt werden, sind so genannte Allrounder, das heißt, sie werden nicht nur zum Vorstehen für die Arbeit vor dem Schuss eingesetzt, sondern apportieren auch das Wild nach dem Schuss oder suchen angeschossenes Wild auf der so genannten Schweißfährte.

Bis auf Setter aus Familienhundzuchten sind Vorstehhunde in Deutschland kaum reine Familienhunde. Meist werden sie von Jägern gehalten und gezüchtet und auch nur an solche abgegeben.

Apportierhunde: In diesen Bereich fallen die reinen Spezialisten aus England und aus Nordamerika: Die Retriever (englisch: to retrieve – wiederbringen) wurden ausschließlich zu dem Zweck gezüchtet Wild, vor allem Wassergeflügel, nach dem Schuss zu ihrem Herrn zu bringen.

Allen Retriever-Rassen ist die Begeisterung für das Apportieren angeboren. Meist genügt nur ein wenig erzieherische Ermunterung, sie Gegenstände jeglicher Art herbei tragen zu lassen.

Bei der Dummy-Arbeit wird der Apportiertrieb des Hundes gefördert; diese Beschäftigung eignet sich ausgezeichnet für die Retriever-Rassen. (Flat Coated Retriever)

Apportierhunde

Es gibt sechs Retriever-Rassen, von denen Labrador Retriever, Golden Retriever und in letzter Zeit auch Flat Coated Retriever in den deutsprachigen Ländern als reine Familienhunde gezüchtet werden.

Eine weitere Rasse, deren ursprüngliche Aufgabe das Apportieren von Wassergeflügel war, ist der Pudel. Seit vielen Jahrzehnten allerdings wird er von seltenen Ausnahmen abgesehen nicht mehr zur Wasserarbeit, sondern als Familien-, Zirkus- und Begleithund eingesetzt. Erhalten haben sich in dieser Rasse die Eigenschaften, die alle Apportierhunderassen auszeichnen: Spielfreudigkeit bis ins hohe Alter, rasche Auffassungsgabe, große Lernbereitschaft und – bei entsprechender Sozialisierung – Gelassenheit im Umgang mit Menschen und anderen Hunden. Dies prädestiniert die Apportierhunderassen, sofern sie über die

Mit ausgebildeten Jagdhunden sollte regelmäßig gearbeitet werden. (English Springer Spaniel)

adäquate Größe verfügen, auch für ein modernes Einsatzgebiet: die Arbeit als Blindenführhund. Sowohl Golden als auch Labrador Retriever sowie Kreuzungen dieser beiden Rassen, aber bisweilen auch der Großpudel, werden als Blindenführhunde ausgebildet.

Stöberhunde: Diese Gruppe von Hunden wurde und wird dazu verwendet, das Wild aus seiner Deckung herauszudrücken, damit es der Jäger vor die Flinte bekommt.

Stöberhunde sind meist auch Allrounder, das heißt, sie werden auch zur Arbeit nach dem Schuss (zum Beispiel zum Apportieren) eingesetzt.

Stöberhunde

Alle Spanielrassen sind Stöberhunde. Als reine Familienhunde werden in Deutschland vor allem der Englische Cocker Spaniel und der Amerikanische Cocker Spaniel, vereinzelt auch der Englische Springer Spaniel gehalten und gezüchtet. Neben den Spaniels erfreut sich vor allem der Deutsche Wachtelhund stetiger Beliebtheit unter den deutschen Jägern. Allerdings eignet sich diese Rasse nicht zum reinen Familienhund ohne jagdliche Führung.

Laufhunde/Bracken: Früher hauptsächlich in der Meute gehalten und

Laufhunde/Bracken

Es gibt in fast jedem Land bodenständige Laufhundrassen. Aus England kennen wir als bekannteste, die teilweise auch als reine Familienhunde gezüchtet werden: Beagle (Kaninchen- und Hasen-Jagdhund), Foxhound (Fuchs-Jagdhund; kaum als reiner Familienhund zu halten); Basset Hound (Hasen-Jagdhund).

In Deutschland bezeichnet man die Laufhunde als Bracken. Von den vielen früheren Brackenschlägen existieren heute nur noch die Deutsche Bracke und die Westfälische Dachsbracke. Beides sind Rassen, die nur in Jägerhand gehören.

eingesetzt, war es die Aufgabe dieser Hunde, das Wild aufzuspüren und solange zu verfolgen und schließlich zu stellen bis es vom Jäger, der der Meute meist zu Pferd folgte, erlegt werden konnte. Große Meuten werden heute noch vor allem in England, aber auch in anderen Ländern aus Traditionsgründen gehalten. Früher dem Adel vorbehalten, ist auch heute noch die Jagd hinter einer Meute eine kostspielige und aufwendige Angelegenheit. Das zu jagende Wild ist in England meist der Hirsch oder der Fuchs. Es gibt aber auch Meuten, die auf Wildschweine, Waschbären in Nordamerika oder Bären eingesetzt werden oder wurden. Die Laufhunde jagen nach der Spur, das heißt, sie folgen dem Geruch des Wildes, auch wenn dieses nicht in Sichtweite ist.

Laufhunde sehen sich vom Grundtyp recht ähnlich: Sie haben Hängeohren, kurzes oder raues Haar und sind meist mehrfarbig. Eines haben alle Laufhunde, ob reine Arbeitstiere oder Familienhunde, gemeinsam: den ausgeprägten Jagdtrieb, der eine sehr konsequente Erziehung und, in wildreichen Gegenden, unbedingten Leinenzwang erfordert.

Basset Hound.

Schweißhunde: Diese Hundegruppe steht in enger Verbindung zu den eben besprochenen Laufhunden. Auch sie verfolgen die Spur des Wildes und sollen den Jäger zu ihm führen. Der Unterschied besteht im Wesentlichen in drei Dingen: Der Schweißhund verfolgt die Spur des angeschossenen Wildes (Nachsuche). Blut wird in der Jägersprache als „Schweiß" bezeichnet. Der Schweißhund läuft nicht frei, sondern wird am Schweißriemen, einer langen Suchleine geführt. Und er arbeitet nicht in der Meute, sondern in der Regel alleine.

Vom Temperament her sind diese Hunde ruhiger und gesetzte als die reinen Laufhunde. Da heute die

Hetzjagd mit großen Meuten in vielen Europäischen Ländern, sowohl aus Tierschutzgründen als auch in Ermangelung entsprechender Jagdreviere, nicht mehr ausgeübt wird, fanden viele ehemalige Laufhunderassen ihre neue Bestimmung in der Nachsuche.

Schweißhunde

In Deutschland gibt es zwei bodenständige Schweißhunderassen: den Bayrischen Gebirgsschweißhund und den Hannoverschen Schweißhund – beides Hunde, die nicht von Nichtjägern gehalten werden sollten. Der englische Bloodhound ist der einzige Schweißhund, der weitere Verbreitung als Familienhund gefunden hat.

Windhunde: Auch die Windhunde wurden zur Hetzjagd eingesetzt – die großen Rassen vor allem in der Meute, der die Jäger zu Pferde folgten. Der hauptsächliche Unterschied zu den Laufhunden besteht darin, dass die Windhunde auf Sicht jagen. Anders, als ihre zurückhaltende Art im Ruhezustand vermuten lässt, sind Windhunde ausgesprochen furchtlose Jäger, die das Wild sobald es erreicht ist, angreifen und oft auch töten. Dies macht ihre Haltung mit kleineren Haustieren, oft auch ihr Verhalten

Beim Coursing können Windhunde ihren Hetztrieb ausleben. (Afghane)

fremden Hunden und Katzen gegenüber, bisweilen problematisch.

Die Jagd mit Windhunden wird heute traditionell nur noch in arabischen und afrikanischen Ländern ausgeübt. Hierzulande werden Windhunde hauptsächlich als Familien- und Ausstellungshunde gehalten. Der immer noch stark ausgeprägte Hetztrieb dieser Rassen kann am besten bei den diversen Rennen und Coursings befriedigt werden, die der deutsche Zuchtverband organisiert und veranstaltet. In Deutschland ist es verboten, bei Hunderennen um Geld zu wetten. Der Rennhundesport wird hier als reines Hobby betrieben – nicht so in England und Spanien. Dort ist der Windhundesport ein knallhartes Geschäft. Ausgemusterte Greyhounds und Galgos (Spanische Windhunde) und die Art und Weise, wie man sich ihrer entledigt, stellen ein ausgesprochenes Tierschutzproblem dar.

Nordische Jagdhunde: Diese Rassen entstammen durchweg den kälteren, aber waldreichen Regionen Nord-Europas und Asiens. Es handelt sich meist um Allrounder, die das Wild aufstöbern, verfolgen, stellen und bis zum Eintreffen des Jägers festhalten.

Die größeren dieser Rassen, Akita Inu, Karelischer Bärenhund, Laika und Norwegischer Elchhund wurden und werden auf äußerst wehrhaftes Wild wie Bär, Wolf, Luchs, Wildschwein und Elch angesetzt. Diese Hunde sind auch heute noch furchtlos und handeln oft sehr selbstständig. Die mittleren und kleinen Rassen, Shiba Inu und Finnenspitz dienten eher zur Jagd auf Waldvögel und Eichhörnchen. Die in Deutschland gezüchteten Hunde dieser Rassen werden nur in den seltensten Fällen noch als Jagdhunde eingesetzt. Meist hält man sie als reine Familienhunde. Aufgrund ihrer sehr selbständigen Arbeitsweise und ihrer Furchtlosigkeit brauchen sie allerdings eine sehr sorgfältige Erziehung.

Die westsibirische Laika gehört zu den Nordischen Jagdhunderassen.

Doggenartige Hunde: Ursprünglich als Hetzhunde für die Jagd auf großes, wehrhaftes Wild (Bär, Auerochsen) gezüchtet, wurden sie schon bald in Ermangelung dieser Wildarten als Wächter von Haus und Hof, als Kriegshunde und als Kampfhunde gegen Bullen, Bären und anderes Getier zur Volksbelustigung eingesetzt. Seit vielen Generationen werden die verschiedenen Doggenartigen allerdings ausschließlich als Familien-, Wach- und Begleithunde gehalten. Heute zeichnen sie sich mit wenigen Ausnahmen durch ein sehr menschenfreundliches Wesen mit einer eher hohen Reizschwelle aus. Ihre Einordnung unter die Jagdhunderassen ist also

Doggenartige Hunde

In dieser Hundegruppe sind von Riesen (Mastiff, Deutsche Dogge) und großen Hunden (Mastino Napoletano, Bullmastiff) über mittelgroße Typen (Boxer, Englische Bulldogge) bis zu kleinen und Zwerg-Rassen (Französische Bulldogge, Mops) alle Größen vertreten.

nicht ganz korrekt: Ebenso könnten sie ihren Platz unter den Haus- und Hofhunden finden.

Erdhunde: Diese Hunde werden zur Jagd unter der Erde verwendet. Sie stellen meist wehrhafte Wildtiere wie Fuchs, Dachs oder Iltis in deren Erdbau und töten sie dort. Naturgemäß sind die Hunde dieser Gruppe extrem mutig, teilweise auch kampflustig.

Außerdem lassen sie sich nur begrenzt abrichten, weil sie sehr eigenständiges Handeln gewöhnt sind. Die rassetypischen Eigenschaften sind bei diesen Hunden besonders stark ausgeprägt, da die arbeitsbedingte Auslese besonders hart war: Wer zögerlich oder unentschlossen war, verließ den Fuchs- oder Dachsbau in der Regel nicht mehr lebend.

Man unterscheidet die Gruppe der niederläufigen Terrier (zum Beispiel West Highland White Terrier, Cairn Terrier, Scotch Terrier, Norwich und Norfolk Terrier und Yorkshire Terrier)

Cairn Terrier.

Der Boxer gehört zur Gruppe der Doggenartigen Hunde.

und die der hochläufigen Terrier, die je nach ihrer Körpergröße wehrhafte Tiere unter der Erde oder außerhalb des Baues töteten (Foxterrier, Parson Jack Russell Terrier, Welsh Terrier, Irish Terrier, Kerry Blue Terrier und Airedale Terrier). Zur Gruppe der Erdhunde gehört außerdem der Dackel. Sowohl er als auch viele Terrierrassen sind heute beides, beliebte Jagd-, aber auch nicht minder beliebte Familienhunde.

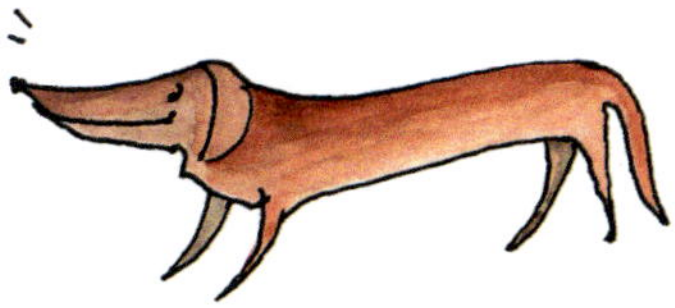

Terrier oder Dackel aus rein jagdlicher Zucht eignen sich nicht als Familienhunde. Es gibt für Dackel und die meisten Terrierrassen in Deutschland genügend Züchter, die seit vielen Hundegenerationen reine Familien- und Ausstellungshunde züchten.

Viele kleinere Terrier wurden früher auch dazu gehalten, Hof und Stall rattenfrei zu halten. Auch heute noch zeichnen sich nahezu alle Terrier und viele Dackel durch eine ausgeprägte Ratten- und Raubzeugschärfe aus. Pinscher und kleine Schnauzer wurden früher ebenfalls zur Eindämmung der Rattenpopulation gehalten und sind deshalb auch heute noch sowohl vom Äußeren wie auch von ihrem furchtlosen Temperament her Terriern sehr ähnlich.

Bullterrierartige Rassen: Wie auch die Doggenartigen sind die Bullterrierartigen unter den Jagdhunden nicht ganz korrekt eingeordnet. Wenngleich sie Anfang des neunzehnten Jahrhunderts aus Bulldoggen und Terriern dazu gezüchtet wurden, zur Volksbelustigung gegen andere Hunde zu kämpfen, so ist dieser Sport doch seit über 150 Jahren verboten.

Bullterrierartige Hunde

Heute werden die Rassen (Bullterrier, Staffordshire Bullterrier, American Staffordshire Terrier und – im weiteren Sinne – auch der Boston Terrier) seit vielen Generationen als reine Familien- und Begleithunde gehalten. Manche Exemplare zeichnen sich durch Rauflust gegenüber Artgenossen aus. Menschen gegenüber sind sie aber im Allgemeinen sehr freundlich. Zu Unrecht werden diese Rassen pauschal verteufelt.

Ein Luxushund: Der Shih Tzu.

Auch in der großen Gruppe der Jagdhunde fällt auf, dass es Rassen gibt, die sich ausgezeichnet als Familien- und Begleithunde eignen, während andere ihr volles Potential nur als Arbeitshunde entfalten können. Solche eignen sich für die Liebhaberhaltung nicht, auch wenn sie äußerlich noch so ansprechend sind.

Luxushunde

Eine weitere Gruppe von Hunden – zahlenmäßig allerdings wesentlich kleiner – wurde von jeher als reine Luxustiere gehalten. Ihre Aufgabe war es, dem Menschen Gesellschaft zu leisten, sich streicheln und pflegen zu lassen.

Oft stammen sie von Arbeitshunden ab, die sich wegen ihrer besonders geringen Größe und zierlichen Gestalt (wie die Zwergformen vieler Rassen wie Cavalier King Charles Spaniel, Zwergspitz, Zwergpudel) ihres üppigen Felles oder sonstiger körperlicher

Besonderheiten nicht für handfeste Tätigkeiten eigneten.

Sie stellten ein Statussymbol ihrer, meist adligen oder wohlhabenden Besitzer dar – nach dem Motto: „Seht her, ich kann es mir leisten, nur zum Vergnügen und Zeitvertreib einen Hund zu halten!“

Luxushunde

Wir finden diese reinen Luxushunde fast überall auf der Welt: im fernöstlichen Raum (Pekinese, Shi Tzu, Mops, Japan Chin), aber auch in Europa (englische und kontinentale Zwergspaniels, Bichons wie Malteser, Bologneser und Havaneser, Zwergspitz) und in Südamerika (Chihuahua).

Spezialisten

Neben diesen drei großen Gruppen der Arbeits-, Jagd- und Luxushunde gibt es eine weitere Gruppe von Rassehunden, die sich aus einer besonderen, geographisch begrenzten, Spezialisierung heraus gebildet hat:

Schlittenhunde: Diese Nordischen Hunde werden in Deutschland erst seit relativ kurzer Zeit auch im größeren Stil als Haus- und Familienhunde gehalten und gezüchtet.

Anerkannte Rassen sind die Samojeden, Siberian Huskys, Alaskan Malamutes und Grönlandhunde, wobei – in genau dieser Reihenfolge – auch deren Eignung als Familienhund abnimmt. Sowohl die körperlichen als

Samojede.

auch die psychischen Eigenschaften dieser Rassen sind so perfekt auf die harte Arbeit im hohen Norden abgestimmt, dass ihre Haltung in unseren Breitengraden nur unter ganz speziellen Bedingungen empfohlen werden kann.

Schließlich gibt es eine Reihe von Rassen, die ebenfalls für ganz bestimmte Zwecke gezüchtet wurden. Allerdings werden diese Rassen schon seit sehr langer Zeit nicht mehr in ihrem ursprünglichen Verwendungsgebiet sondern seit vielen Generationen als Haushunde gehalten. Ihre Einteilung in bestimmte Sparten fällt schwer. Darum sollen die bekanntesten kurz einzeln genannt werden:

Dalmatiner: Vom Gebäude und vom äußeren Erscheinungsbild her den Laufhunden zuzuordnen, war der Dalmatiner über viele Jahrzehnte auffälliger Begleiter von Kutschen und auch Reitern.

Neufundländer: In Kanada als Helfer der Fischer beim Einholen der Netze gehalten, ist der Neufundländer auch heute noch ein begeisterter Schwimmer und wird teilweise als Wasserrettungshund ausgebildet.

Landseer: In der heutigen Form eine Neuzüchtung, ist der schwarz-weiße Riese hauptsächlich Familien- und Begleithund.

Eurasier: Mit dem Ziel des Familienhundes aus den drei Ausgangsrassen Chow-Chow, Wolfsspitz und Samojede gezüchtet, hat der Eurasier heute

Dalmatinerwelpen.

Kromfohrländer.

Chow Chow.

Shar Pei.

auf der Beliebtheitsskala seine Patenrassen überrundet.

Kromfohrländer: Er wurde aus teilweise unbekannten Mischlingsrassen und Foxterrier ebenfalls in der Mitte dieses Jahrhunderts als Begleithund gezüchtet.

Chow Chow: Diese chinesische Rasse bereicherte früher einmal den Speiseplan des Menschen. Auch wenn heute in weiten Teilen Chinas noch Hunde verzehrt werden, sind doch unsere Europäischen Chow Chows schon seit vielen Jahrzehnten reine Familienhunde.

Shar Pei: Ebenfalls aus China stammend, wurde der Shar Pei mit Sicherheit auch verspeist, diente aber darüber hinaus als Kampf-, Jagd- und Wachhund.

Heute gibt es auf der ganzen Welt über 400 anerkannte Hunderassen. Viele davon stellen nur lokale Schläge eines bestimmten Hundetyps dar. Andere wiederum unterscheiden sich lediglich in Haarfarbe oder -art, Ohrform oder Größe voneinander. Schließlich gibt es, oft in einander benachbarten Ländern, identische Rassen mit unterschiedlichen Namen (zum Beispiel Deutschland: Wolfsspitz, Holland: Keeshond). Diese Vielfalt ist selbst für Fachleute bisweilen verwirrend. Um wie viel schwieriger ist es für den Laien, aus diesem „Reigen" die individuell für ihn geeignete Rasse zu finden!

Für dieses Buch wurden verschiedene Rassen vorab ausgewählt. Die Hauptkriterien für die Auswahl waren die generelle Eignung als Haus- und Familienhund sowie das Vorkommen in Deutschland. Das bedeutet, dass jede der hier aufgeführten Rassen in Deutschland gezüchtet wird, und zwar von Züchtern, die einem VDH-Verein angeschlossen sind und sich damit einer strengen Zuchtordnung unterworfen haben.

Anhand des eigens für dieses Buch entwickelten Tests ermitteln Sie diejenige(n) unter diesen Hunderassen, die am besten zu Ihnen und Ihren Lebensumständen passt/passen. Natürlich kann Ihnen der Test nur eine Entscheidungshilfe sein. Der nächste Schritt sollte dann sein, dass Sie die entsprechende Spezialliteratur studieren und schließlich Züchter und Besitzer Ihrer Lieblingsrasse aufsuchen. Entweder treffen Sie solche Leute auf einer Hundeausstellung oder Sie besuchen sie nach telefonischer Voranmeldung direkt zu Hause. Die entsprechenden Termine oder Adressen erfahren Sie bei den jeweils zuständigen Zuchtverbänden, die im hinteren Teil des Buches bei den Rassen aufgeführt sind.

Was vor dem Hundkauf beachtet werden muss

Egal, auf welche Rasse Ihre Wahl fällt: Vor dem endgültigen Einzug des Welpen (oder erwachsenen Hundes) müssen einige Dinge geklärt werden.

Sind Partner oder Familie einverstanden?

Haben Sie einen Partner oder eine Familie, so sollte selbstverständlich sein, dass alle mit dem Hund einverstanden sind. Viele Hunde wurden schon nach kurzer Zeit wieder zurückgegeben, weil sich ein Partner mit diesem Tier einen Kindheitstraum erfüllen wollte und der andere nur widerwillig einverstanden war oder gar nicht erst gefragt wurde. Oft sind Allergien eines Familienmitgliedes dann die mehr oder weniger fadenscheinige Begründung, warum der Hund nicht behalten werden kann.

Und auch wenn dies jetzt etwas indiskret klingen mag: Genau so wenig wie ein Kind kann ein Hund eine bereits zerrüttete Beziehung wieder kitten. Stehen Sie und Ihr Partner kurz vor einer Trennung, lassen Sie die Finger von einem gemeinsamen Hund! Die Tierheime und Notvermittlungsstellen sind voll von solchen Scheidungswaisen!

Nachbarn und Vermieter sollten Bescheid wissen

Auch der Vermieter muss und die Nachbarn sollten vorher gefragt werden. Lassen Sie sich die Einverständniserklärung Ihres Vermieters im Zweifelsfall schriftlich geben oder in den Mietvertrag eintragen, weil es auch schon vorkam, dass eine mündliche Erklärung im Nachhinein widerrufen wurde. Liebäugeln Sie mit einer größeren Rasse, so sagen Sie dies dem Vermieter und den Nachbarn sicherheitshalber. Oft wird gegen ein kleineres Tier wie einen Beagle oder einen Dackel nichts eingewandt. Gegen einen Schäferhund oder einen Rottweiler hingegen verwehren sich manche Mitbewohner oder Hauseigentümer strikt! Haben Sie Verständnis für die Ängste ihrer Mitbewohner.

Männchen oder Weibchen?
Die Wahl des Geschlechts wird oft als Geschmackssache angesehen. Tatsächlich gibt es aber geschlechterspezifische Unterschiede. Rüden sind oft (Ausnahmen bestätigen natürlich die Regel) etwas forscher und draufgängerischer als Hündinnen. Letztere wiederum lassen sich etwas leichter erziehen und ordnen sich auch innerhalb der Familienhierarchie eher unter. Hündinnen werden zweimal im Jahr läufig (manche Rassen nur einmal) und suchen in dieser Zeit auch für mehrere Tage den Kontakt zu Rüden. Es kann passieren, dass während dieser Zeit eine ganze Meute männlicher Hunde Ihre Haustüre regelrecht belagert. Rüden zeigen das ganze Jahr hindurch starkes Interesse am anderen Geschlecht. Befinden sich eine oder gar mehrere läufige Hündinnen in der Umgebung, geraten sie oft außer Rand und Band.

Hunde mit einem intakten Sozialverhalten halten sich beim Kontakt mit fremden Hunden auf neutralem Terrain meist an ein festes Ritual. Ernsthafte Beißereien sind in der Regel nicht zu befürchten. Problematisch kann es werden, wenn die Größenverhältnisse sehr unterschiedlich sind, wenn ein oder gar beide Hunde in ihrer Welpen- und Junghundzeit keine ausreichenden oder negative Kontakte mit anderen Hunden hatten oder wenn zwei Rüden um eine läufige Hündin konkurrieren. Bringen Sie am besten vor dem Hundekauf in Erfahrung, ob es in Ihrer Nachbarschaft mehr Rüden oder mehr Hündinnen gibt. Bei vielen unkastrierten Hündinnen werden Sie unter Umständen mit einem Rüden mehr Probleme bekommen als mit einer weiteren Hündin.

Eine Alternative wäre es, sein Tier kastrieren zu lassen, ihm also operativ die Keimdrüsen (Hoden oder Eierstöcke) entfernen zu lassen. Rüden werden durch diesen Eingriff ruhiger, neigen weniger zu Rangordnungskämpfen und verlieren ihr sexuelles Interesse an Hündinnen. Weibliche Tiere hingegen verändern ihr Temperament weniger als männliche. Oft werden sie sogar etwas männlicher in ihrem Gebaren. Beide Geschlechter können unter Umständen nach der Kastration einen gesunden Appetit entwickeln, was sich in einem vermehrten Leibesumfang bemerkbar macht. Besonders Rassen wie Cocker Spaniel, Retriever und Beagle neigen zum Dickerwerden, zeichnen sie sich doch oft schon im intakten Zustand durch eine große Fresslust aus!

Hündinnen mit einem seidigen Fell ohne viel Unterwolle wie beispielsweise Setter, Cocker oder Münsterländer bekommen nach der Kastration ein wolliges Welpenfell. Die Vor- und Nachteile der Kastration sollten für jedes Tier individuell erwogen werden. Sprechen Sie bei Problemen, die unter Umständen durch den Sexualtrieb auftreten, am besten mit Ihrem Tierarzt!

Junger oder ausgewachsener Hund?
Eine weitere Entscheidung, die rechtzeitig getroffen werden muss ist die, ob Sie einen Welpen oder ein älteres

Barsoi mit Welpe.

Tier zu sich nehmen wollen. Mittlerweile verfügen die meisten Rassezuchtverbände nicht nur über Welpenvermittlungen, sondern auch über Notvermittlungsstellen, die Tiere jeder Altersstufe anbieten. Seriöse Züchter geben Ihre Welpen frühestens mit acht bis zwölf Wochen ab. Dies ist die Zeit, die ein Welpe mindestens mit seiner Mutter und seinen Geschwistern verbringen sollte. Wird Ihnen ein jüngeres Tier angeboten, sollte Sie dies stutzig machen. Im Zweifelsfall nehmen Sie das Tier lieber nicht, zumal Welpen in der Regel mit acht Wochen das erste Mal geimpft werden.

Die Tiere, die über die Notvermittlungsstellen wieder abgegeben wurden, haben oft ganz unterschiedliche Schicksale hinter sich. Es gibt ältere Tiere von neun, zehn oder noch mehr Jahren, die nach dem Tod ihres Besitzers einen neuen Platz suchen. Andere Tiere hingegen werden abgegeben, weil sich die Besitzer scheiden lassen, umziehen, der Hund eifersüchtig auf ein Baby reagiert und so weiter – Gründe gibt es viele. Manche dieser unglücklichen Tiere wurden schon durch mehrere Hände gereicht. Oft hat sich einfach nur niemand die Mühe gemacht, sie entsprechend zu erziehen und zu beschäftigen. In wenigen Fällen sind tatsächlich Verhaltensstörungen die Ursache für eine Neuvermittlung.

Kommt für Sie ein älteres Tier in Frage, dem Sie noch einen schönen Lebensabend bereiten wollen, so werden Sie bei den entsprechenden Vermittlungsstellen der Zuchtverbände mit Sicherheit fündig werden! Die Adressen ennehmen Sie dem hinteren Teil des Buches.

Irish Setter sind lebhafte und sportliche Hunde.

Der richtige Zeitpunkt

Wann soll der Familienzuwachs einziehen? Auch dies ist ein Punkt, über den man nachdenken sollte. Stehen in der nächsten Zeit größere Veränderungen an, wie ein Umzug, die Geburt eines Kindes, ein Jobwechsel oder auch eine größere Reise, so sollten Sie mit dem Hundekauf noch etwas warten. Im Idealfall nehmen Sie sich zur Eingewöhnung einige Zeit frei, um sich ausschließlich um den kleinen Kerl zu kümmern. Auch wenn das Tier ein Geschenk sein soll, besonders zu Weihnachten, so überreichen Sie am besten vorerst nur einen Gutschein. So kommt das unter Umständen eingeschüchterte Tier nicht direkt in den größten Trubel und wird nicht von allen anwesenden Gästen herumgezerrt. Außerdem kann sich der Beschenkte erst einmal in Ruhe auf seinen Hund vorbereiten und auch dabei sein, wenn das Tier beim Züchter ausgesucht und abgeholt wird.

Das liebe Geld

Unter Umständen kann die Hundehaltung recht kostspielig sein. Bestimmte Fixkosten sollten auf jeden Fall mit eingeplant werden.

Ein Rassehund-Welpe kostet in der Regel zwischen 750.- und 1000 Euro. Manche Rassen sind erheblich teurer. Dieser Anschaffungspreis mag recht hoch erscheinen. Man darf aber nicht vergessen, dass die seriöse Hundezucht in jedem Fall ein Zuschussgeschäft ist, das viel Zeit, Mühe und auch finanziellen Einsatz des Züchters erfordert. Bis eine Hündin von einem VDH-Zuchtclub überhaupt erst zur Zucht zugelassen wird, muss sie diverse Prüfungen, Beurteilungen und, je nach Rasse, auch medizinische Untersuchungen hinter sich bringen. Die Decktaxe beträgt – je nach Rüde – mehrere hundert Euro. Für die Welpen müssen Ahnentafeln beantragt werden.

Außerdem müssen die Hunde alle regelmäßig entwurmt und geimpft werden. Auch die Wurfabnahme durch den Zuchtwart des Rasseclubs kostet Geld, und schließlich wird sich der gewissenhafte Züchter auch intensiv um die Sozialisierung seiner Welpen kümmern. Dies ist nur eine grobe Aufzählung der Leistungen, die der Züchter zu erbringen hat, bevor Sie einen seiner Welpen in Empfang nehmen können. Und dennoch ist der

Welpenpreis nur ein Bruchteil der Summe, die Sie im Laufe eines Hundelebens hinblättern werden.

Auf jeden Fall einplanen müssen Sie die Futterkosten, die – je nach Größe des Hundes – teilweise erheblich sein können. Eine jährliche Impfung kostet ungefähr 50 Euro. Die Hundesteuer wird ebenfalls jährlich fällig und kann, je nach Gemeinde, unterschiedlich hoch sein. Manche Rassen (Pudel, Schnauzer, die meisten Terrierrassen) müssen regelmäßig geschoren oder getrimmt werden. Auch diese Kosten sollten fest mit eingeplant werden. Natürlich kann man sich diese Handfertigkeiten auch zeigen lassen (vom Züchter oder in einem vom Rasseclub organisierten Kurs). Allerdings ist es oft relativ zeitintensiv, einen Hund standardgerecht herzurichten. Und wenn Sie keine Radikalschur, sondern einen rassegerecht und ausstellungsfertig hergerichteten Hund haben wollen, überlassen Sie diese Prozedur vielleicht auch sehr gerne einem Profi.

Zur Grundausstattung gehören Halsband und Leine (bei großen Rassen im Laufe des ersten Lebensjahres bis zu drei Größen aus zunehmend stabilem Material), eventuell ein Korb und Futterschüsseln. Je nach zusätzlichem Bedarf sind die Grenzen nach oben hin offen. So bieten Einzelfach- und Versandhandel alle nur erdenklichen Spielzeuge, Ausbildungsutensilien, Hundeschuhe und -bekleidung sowie weitere mehr oder weniger nützliche Accessoires für das tägliche Hundeleben an.

Noch nicht gesetzlich vorgeschrieben, aber unbedingt empfehlenswert ist eine Hundehaftpflichtversicherung,

auch für kleinere Rassen. Es gibt Hundekrankenversicherungen, die in Deutschland aber eher selten abgeschlossen werden. Tierarztbesuche können sehr teuer werden, und im Falle größerer Operationen und/oder längerer stationärer Aufenthalte müssen Sie mit mehreren hundert bis unter Umständen mehreren tausend Euro rechnen.

Für Riesenrassen sollten Sie auf jeden Fall einen Kombi, Gelände- oder Großraumwagen fahren. Mit einem Käfer, Mini Cooper oder gar keinem Auto könnten Sie sonst vor größere Probleme gestellt werden. Ein Beispiel ist nur der Transport des verletzten, narkotisierten oder sonst bewegungsunfähigen Tieres.

Falls nicht schon vom Züchter durchgeführt, empfiehlt sich auch die Implantation eines Mikrochips. Mit dieser Kennzeichnung konnte schon so mancher verlorene Hund wieder seinem Besitzer zugeführt werden. Diese Art der Identifizierung bietet gegenüber der Tätowierung den Vorteil, dass sie nicht verblasst und fälschungssicher ist.

Sie sehen also, auch die finanzielle Seite ist ein gewisses Kriterium. Wer aus monetären Gründen auf ein Auto verzichtet oder einen Kleinstwagen fährt und vielleicht sogar manchmal am eigenen Essen spart, trifft mit einer Deutschen Dogge oder einem Irischen Wolfshund kaum die passende Wahl.

So hilft Ihnen dieses Buch

Wenn die grundlegenden Fragen, die die Anschaffung eines Hundes betreffen, geklärt sind, kann man sich an die Auswahl der geeigneten Rasse machen. Viele Menschen haben seit ihrer Kindheit einen Traumhund. Vielleicht hatten Nachbarn oder Verwandte eine solche Rasse, vielleicht haben Sie den Hund auf einem Foto oder in einem Film gesehen. Auf jeden Fall ist das Erste, was einem bei einer bestimmten Rasse auffällt, das Aussehen. Der gemütliche Neufundländer, die elegante und majestätische Deutsche Dogge, der kumpelhafte Boxer und der windschnittige Dobermann. Viele Rassen transportieren ein bestimmtes Image. Werbung und die Unterhaltungsindustrie tun ein Übriges dazu, bestimmte Rassen als Sympathieträger zu präsentieren. Wir kennen Lassie, Walt Disney´s Dalmatiner, den Hush Puppy aus der Schuhwerbung und den fröhlichen und adretten Westie aus der Cäsar-Reklame, außerdem ungezählte Bulldoggen, Bernhardiner, Dalmatiner, Huskies und andere Rassetiere, die uns von Reklametafeln und Zeitschriftenseiten entgegen hecheln. Vielleicht haben wir uns auch beim Durchblättern eines Hundebuches in das Bild eines wunderschönen Hundes verliebt! Die Geschmäcker sind verschieden. Dem einen gefällt das wuschelige Zaushaar von Bobtails oder Bearded Collies, andere schwärmen vom eleganten Muskelspiel der kurzfelligen Rassen wie Dobermann oder Boxer. Alle diese Vorlieben haben eines gemeinsam: Sie beziehen sich auf äußere Körpermerkmale. Und genau hier setzt dieses Buch an: Haben Sie schon einen Favoriten, so können Sie mit dem Test in der Buchmitte überprüfen, ob die entsprechende Rasse auch tatsächlich zu Ihnen passt. Wenn Sie aber noch keine bestimmte Rasse in der engeren Wahl haben, so können Sie mit dem Test herausfinden, welches die Rassen sind, die am besten mit Ihnen und Ihren Lebensumständen harmonieren.

Hunde sind hochentwickelte Lebewesen. Auch wenn bestimmte Rassen sich durch Gemeinsamkeiten in Tem-

Was viele Hundebücher nicht zeigen: Hunde mit hängenden Lefzen speicheln! (Blaue Deutsche Dogge)

perament und Charakter auszeichnen, gibt es doch immer individuelle Unterschiede. Trotzdem wird zum Beispiel ein phlegmatischer Dobermann oder Foxterrier die Ausnahme bleiben, ebenso wie ein hyperaktiver Bernhardiner oder ein leicht reizbarer Neufundländer. Ebenso wie es Unterschiede im Temperament gibt, so gibt es sie auch in den Anforderungen an Bewegung oder Fell- und Körperpflege.

Der Test im mittleren Teil dieses Buches fragt viele verschiedene Aspekte ab, die bei der Auswahl der richtigen Rasse wichtig sind. So ist zum Beispiel Ihr Alter ein Faktor, der aus verschiedenen Gründen eine Rolle spielen kann. Wenn Sie zum Beispiel jetzt 63 Jahre alt sind, sehr sportlich und aktiv, so kann auf den ersten Blick ein Rottweiler ein durchaus akzeptabler Begleiter für Sie sein.

Angenommen aber, Ihr Hund leidet mit sieben, acht Jahren an einer Hüftgelenksarthrose, Sie selbst sind mit rund 70 Jahren auch nicht mehr ganz so rüstig wie jetzt noch, so kann es unter Umständen schwierig werden, dem Tier immer ins Auto hinein und heraus zu helfen, es unter Umständen auch einmal eine Strecke zu tragen. Oder Sie beschließen mit 70 Jahren, sich einen Hund anzuschaffen und entscheiden sich für einen Tibet Terrier. Abgesehen davon, dass diese Hunde kleine Temperamentsbündel sind, die sehr viel Bewegung und Beschäftigung brauchen, gehören sie mit zu den langlebigsten Rassen überhaupt, erreichen nicht selten ein Alter von 15, 16 Jahren und mehr. Auch wenn es jetzt vielleicht ein wenig makaber klingen mag, aber haben Sie

In einem Jahr kann dieser kleine Kerl über 40 kg wiegen!

schon daran gedacht, was aus Ihrem Hund werden soll, wenn er Sie überlebt? Gibt es Menschen, die bereit sind, sich dann um ihn zu kümmern?

Eine weitere Frage ist die nach den Kindern, die in Ihrem Haushalt leben. Sicher, fast alle Hunde, die mit Kindern aufwachsen, lieben die Kinder ihrer Familie als Rudelmitglieder. Oft ist allerdings ihr Verteidigungstrieb so stark, dass es zum Beispiel bei Streitereien zwischen Ihren Kindern und deren Freunden zu Missverständnissen kommen kann. Überprotektive Hunde können unter Umständen dazwischen gehen. Solange nur ein Hosenbein oder ein Jackenärmel zerrissen ist, kann man den Ausgang als glimpflich bezeichnen. Sollten aber die Nachbarn bereits Bedenken anmelden, die Kin-

Auch wenn diese Hunde nur spielen: Kinder sollten keine größeren Hunde alleine ausführen (rechts: Australian-Shepherd-Mischling, links: Appenzeller Sennenhund).

der gemeinsam spielen zu lassen oder sollte tatsächlich ein fremdes Kind an Leib oder Seele verletzt werden, hört der Spaß für alle Beteiligten auf. Auch zu große und lebhafte Hunde können unter ungünstigen Umständen eine Gefahrenquelle für ein kleines Kind darstellen. Nicht etwa, weil sie es absichtlich verletzen würden. Aber im wilden Spiel können sie doch ein Kind, das auf seinen eigenen Füßen noch sehr unsicher steht, umwerfen oder an der Leine hinter sich herziehen.

Der gesunde Menschenverstand verbietet es auch, ein Kind mit einem oder gar mehreren größeren Hunden alleine los ziehen zu lassen. Oft werden Kinder von den Familienhunden heiß geliebt und auch beschützt, aber nicht als Autoritäten akzeptiert. Das bedeutet, dass sie einen kräftigen, eventuell sogar rauflustigen Hund, zum Beispiel einen Boxer, weder physisch (an der Leine) noch psychisch (über Kommandos) kontrollieren können.

Schließlich gibt es noch eine Gruppe von zarten Kleinhunden, die für die teilweise recht ruppigen Spiele von Kleinkindern ebenfalls nicht geeignet sind. Papillons, Malteser und Chihuahuas sind zum Beispiel zwar oft robuster, als es der erste Anschein vermuten lässt. Trotzdem sind ihre Knochen, ihr Fell und ihre meist etwas vorstehenden Augen nicht die rechten Angriffspunkte für die kleinkindliche Grobmotorik.

Bei all diesen Überlegungen sind wir davon ausgegangen, dass das Kind bereits vor dem Hund im Haus war.

War aber der Hund vor dem Kind da, muss man bedenken, dass manche Hunde, die zu sehr starken Ein-Personen-Bindungen neigen, wie zum Beispiel Chow Chows, unter Umständen eifersüchtig auf den Neuankömmling reagieren können. In der Regel sind Hunde als Rudeltiere eher problemlos, wenn es darum geht, neue Familienmitglieder zu akzeptieren. Es gibt aber immer wieder Fälle, in denen es zu Eifersuchtsproblemen kommt.

Außerdem darf man die Mehrbelastung für die Mutter nicht unterschätzen – ein kleines Kind und eventuell einen Welpen, die sauber gehalten, gefüttert, aufgezogen und erzogen werden müssen, wird fast jeden mit hoher Wahrscheinlichkeit überfordern. Es ist wichtig, nicht nur den Welpen konsequent und liebevoll zu erziehen, sondern auch den eigenen Kindern beizubringen, wie sie mit dem Tier umgehen müssen. Keinesfalls darf man dulden, dass ein Hund wie ein Spielzeug pausenlos umhergeschleift wird. Sind Sie im Umgang mit Hund und Kind eher unerfahren, so sollten Sie Wert darauf legen, dass die Welpen bereits beim Züchter an Kinder gewöhnt wurden, dass im Idealfall der Züchter selbst Kinder hat, die ungefähr im gleichen Alter wie Ihre Kinder sind. Zögern Sie nicht, den Züchter bei Problemen um Rat zu fragen. Er wird dies mit Sicherheit begrüßen!

Auch Ihre Wohnverhältnisse spielen eine Rolle bei der Auswahl der richtigen Rasse. Gehören Sie zu der glücklichen Minderheit, die in einem großen, allein stehenden Einfamilienhaus mit umzäuntem Garten leben, so bieten Sie prinzipiell jeder Rasse die passende Rahmenbedingung. Natürlich fühlt sich ein Hund auch in einer Wohnung wohl, solange er nur engen Kontakt zu seinen Menschen hat und auch ausreichend bewegt wird. Aus Vernunftsgründen sollte man aber doch ein paar Überlegungen anstellen. Mit einer besonders bellfreudigen Rasse wird man in einer Etagenwohnung wahrscheinlich bald Ärger mit den Nachbarn bekommen. Auch wenn der Hund nur kurze Zeit oder überhaupt nicht alleine gelassen wird, so wird er doch jedes verdächtige Geräusch im Treppenhaus, auf der Straße oder gar in der Nachbarwohnung mit durchdringendem Gekläff kommentieren und das auch nachts. Natürlich kann man durch konsequente Erziehung in gewissem Maße auf sehr bellfreudige Hunde einwirken. Doch ist man vielleicht in dieser Situation mit einem Vertreter einer ruhigeren Rasse besser beraten. Lebt man in einer Wohnung in einem der oberen Stockwerke und hat das Haus keinen Aufzug, so sollte der Hund nur so viel wiegen, dass man ihn problemlos tragen kann. Im Falle von Gelenk- oder Bandscheibenproblemen kann dies eventuell sogar lebensverlängernd für Ihren Hund sein. Nicht nur für gebrechliche Menschen ist Treppensteigen eine Qual!

Erwarten Sie ein Kind, sollten Sie sich die Anschaffung eines quirligen Welpen gut überlegen! Nervenschonender für eine junge Mutter ist natürlich ein ausgeglichenes erwachsenes Tier, das bereits seinen Platz in der Familie hat.

Zwergrassen wie diesen Papillons genügt das ausgelassene Spiel im Garten – sie brauchen keine täglichen, ausgedehnten Spaziergänge.

Bestimmte Rassen, wie Schlittenhunde, aber auch Chows, Akitas und manch andere Stockhaar- oder Langhaarrasse mit üppiger Unterwolle sollten die Möglichkeit haben, sich nach Belieben im Freien aufzuhalten. Einen Husky im Winter in einer zentralgeheizten Wohnung zu halten, grenzt schon beinahe an Tierquälerei. Haben diese Hunde die Möglichkeit, so ziehen sie oft den Aufenthalt im Freien vor. Allein aus diesem Grund sollten sie die Wahl haben!

Der Garten oder das Grundstück sollte in jedem Fall eingezäunt sein, bevor der Welpe einzieht – einmal um

Stabilität und Höhe des Zaunes müssen je nach Hunderasse variiert werden können. (Papillons)

Unfälle zu verhindern, die der Hund provozieren könnte, andererseits, um unseren Hund sicher und geschützt zu wissen. Es wäre nicht das erste Mal, dass ein drolliger Welpe, der auf den Gehweg tapst, einfach mitgenommen wird! Auch Belästigungen von oder durch Passanten und Nachbarn – und deren Hunden – gilt es zu vermeiden.

Als Rudeltiere ist es für Hunde sehr wichtig, dass sie engen Kontakt zu ihrer Familie oder zu ihrer Bezugsperson haben. Länger als durchschnittlich vier Stunden sollte man einen Hund daher nicht alleine lassen. Auch wenn es viele Hunde lernen, sich während einer wesentlich längeren Zeit gut zu benehmen, weder zu heulen noch Einrichtungsgegenstände zu zerstören, so ist es doch gegen ihre Natur, alleine zu sein.

Besteht für Sie die Möglichkeit, den Hund mit zur Arbeit zu nehmen, so kann dies eine sehr gute Lösung sein. Manche Rassen lassen sich besser in einen reibungslosen Ablauf am Arbeitsplatz integrieren als andere. Sehr territorial veranlagte Hunde könnten eher ungnädig auf Kundschaft reagieren, was nicht sonderlich geschäftsfördernd wäre. Auch rauflustige Hunde könnten auf Hunde, die Kunden oder

Dieser Saluki ist mit Katzen aufgewachsen und akzeptiert so den Familienzuwachs ohne Murren.

auch nur Passanten begleiten, aggressiv reagieren. Schließlich nutzt so mancher unternehmungslustige Hund die offene Ladentür oder das Hoftor für Erkundungstouren auf eigene Faust. Hier sind also ruhige, verträgliche und hoftreue Hunde gefragt.

Ihre eigene Freizeitgestaltung spielt natürlich eine erhebliche Rolle bei der Auswahl der Rasse. Lieben Sie ausgedehnte Wanderungen im Gebirge, gehen Sie leidenschaftlich gerne joggen und Rad fahren oder machen Sie gar gerne lange Ausritte? Oder sind Sie eher ein gemütlicher Mensch, der seine Zeit lieber zuhause verbringt oder sich nach einem kleinen Spaziergang in eine Gartenwirtschaft setzt? Es gibt Hunde, die leidenschaftlich gerne schwimmen und Sie sicher mit Begeisterung an den Baggersee, ans Meer oder an einen Fluss begleiten. Andere Hunde meiden Wasser und machen einen Bogen um die kleinste Pfütze.

Australian-Shepherd-Mischling. Auch er ist gut für Agility geeignet.

Als Rudeltiere lieben Hunde nicht nur ihre menschlichen Rudelmitglieder. Auch Artgenossen und artfremde Tiere werden meist problemlos akzeptiert, wenn sie bereits zum Rudel gehören, wenn der Welpe ins Haus kommt. Etwas anders gelagert ist der Fall, wenn zum bereits erwachsenen Hund ein anderes Tier hinzukommt. Es gibt Hunde, die regelrechte Katzenkiller sind. Bestimmte Kleinhunde sind durch ihre großen Augäpfel eher gefährdet, durch den Hieb einer Katzenkralle verletzt zu werden. Sie sollten aus diesem Grunde vor Konfrontationen mit Katzen, aber auch anderen potentiell angriffslustigen Tieren, beschützt werden.

Andere Hunde bringen Kaninchen oder Geflügel um, ohne dies je gelernt zu haben. In der Stadt ist dies meist ein eher untergeordnetes Problem. Auf dem Land hingegen kann es zu nachbarschaftlichen Differenzen führen, wenn der Hund regelmäßig die Zwergkaninchen oder die Legehennen auf dem Nachbargrundstück in Angst und Schrecken versetzt. Hunde gar, die in Schafherden einbrechen und dort Tiere verletzen, sind eine ernste Gefahr. Bei gleichgeschlechtlichen Artgenossen können unter Umständen Rivalitätsprobleme auftreten. Dies sollte auf jeden Fall bei der Anschaffung eines Zweithundes berücksichtigt werden!

Haben Sie Interesse, Ihre Freizeit aktiv mit dem Hund zu gestalten? Heutzutage gibt es eine breite Palette an hundesportlichen Aktivitäten – und für fast jede Rasse kann man sich das passende Freizeitprogramm aussuchen. Für Agility (eine Art Hindernisrennen) eignen sich die meisten Hun-

Die Rettungshundeausbildung erfordert Nervenstärke, Teamfähigkeit und Durchhaltevermögen – bei Mensch und Hund!

de. Es gibt sogar eine Einteilung in „mini" und „normal".

Unterordnungskurse bietet jeder Hundesportverein auf seinem Übungsplatz an. Der Verein für Deutsche Schäferhunde beispielsweise veranstaltet laufend Gehorsamskurse nach dem so genannten „Augsburger Modell", die auf insgesamt über 1000 Plätzen der einzelnen Ortsgruppen abgehalten werden. Hier kann man mit seinem Hund auch die Prüfung zum „Verkehrssicheren Begleithund" (BH) ablegen. Diese Prüfung ist übrigens für jeden Hund, egal welcher Rasse, unbedingt empfehlenswert!

Wer noch weitere hundesportliche Ambitionen hegt, kann seinen Hund auch zum Rettungshund, Lawinenhund oder Fährtenhund ausbilden. Dass Rettungshunde robust, wendig und nicht von extremer Größe (oder Kleinheit) und außerdem von unerschrockenem und menschenfreundlichen Wesen sein sollten, versteht sich von selbst!

Mit Windhunden sollte man an Renntrainings teilnehmen, die entweder als Bahnrennen auf Rennbahnen oder als Coursing auf natürlichen Parcours abgehalten werden. Denn nichts gibt einem Windhund eine bessere Möglichkeit, auf artgerechte Weise seiner Lauf- und Hetzlust nachkommen zu können, ohne dabei große Risiken einzugehen. Außer am Meeresstrand ist dies in unserer heutigen Zeit in Deutschland ohne Gefährdung von Hund, Wild oder Autofahrern fast nur noch auf organisierten Rennen oder auf dem eigenen, ausreichen großen und umzäunten Gelände möglich.

Auch Schlittenhunde haben ein starkes Bewegungsbedürfnis. Optimal für sie ist das Schlittentraining. Hier ist man im Deutschen Club für Nordische Hunde e.V. am besten aufgehoben. Erfahrene Schlittenhundesportler geben auch Anfängern Tipps, wie sie ihren Husky oder Malamuten am besten auslasten können.

Für Besitzer von Jagdhunden ist die Teilnahme an einem speziellen Jagdhundekurs eine gute Möglichkeit, ihren Tieren eine entsprechende und sinnvolle Beschäftigung zu bieten. Die Tiere lernen, Fährten auszuarbeiten, zu apportieren und natürlich auch Kommandos des Grundgehorsams wie Sitz!, Platz! und Bleib! Man sollte allerdings daran denken, dass mit solch einer Erziehung der Jagdtrieb eher geweckt als gedämpft wird! Entscheiden Sie sich also nur für eine solche Ausbildung, wenn Sie tatsächlich ernsthafte jagdliche Ambitionen hegen!

Manche Hunderassen mit einem besonders üppigen Fell wirken sehr attraktiv. Man denke nur an den wunderschönen Langhaar-Collie oder auch den eleganten Afghanen. Dass ein solches Fell mit einer oft stundenlangen und aufwendigen Pflege verbunden ist, übersieht oder unterschätzt mancher Interessent im Vorfeld.

Auch Rassen mit sehr langen Ohren wie Bassets oder Cocker Spaniels erfordern mehr Sorgfalt bei der Körperpflege als beispielsweise der in dieser Hinsicht sehr anspruchslose Basenji oder der Whippet. Menschen können an der Fellpflege ihres Hundes regelrecht verzweifeln. Ein Bobtail zum Beispiel, der nicht von klein auf konsequent an das Bürsten gewöhnt und dann auch regelmäßig gebürstet wird, wird unweigerlich verfilzen und jede Annäherung mit Bürste und Kamm verständlicherweise als absolute Qual empfinden.

Überlegen Sie es sich also gut, ob Sie die Geduld und auch die hygienische Toleranz haben, nicht nur mit einem glänzenden Langhaartier die bewundernden Blicke auf der Promenade einzuheimsen, sondern dieses Wesen auch bei Wind und Wetter zu

Die Fellpflege eines Langhaarhundes darf nicht unterschätzt werden. (Bologneser)

entzausen und bei sich in der Wohnung zu haben!

Natürlich spielt auch Ihr eigenes Temperament bei der Wahl der passenden Rasse eine Rolle. Man benötigt bei der Erziehung eines jungen Hundes ein gewisses Maß an Konsequenz, denn die meisten Hunde versuchen, wie auch Kinder, Ihre Toleranzgrenze auszutesten. Es gibt Rassen, die psychisch eher robust sind und andere, die über einen hohen Anteil an Sensibelchen verfügen. Verträgt es Ihr Nervenkostüm, einen hyperaktiven Gummiball um sich zu haben, oder können Sie mit einem eher gemächlichen Hund mehr anfangen? All dies sind Fragen, die nicht leicht zu beantworten sind. Dennoch sollten Sie einmal ernsthaft überlegen, mit welchem Hundetemperament Ihr eigenes Temperament eher besser, mit welchem eher schlechter zusammenpasst.

Schließlich eine Frage, die vielleicht eher zur allgemeinen Hundehaltung gehört: Sind Sie bereit und in der Lage, täglich mindestens zwei Stunden mit Ihrem Hund spazieren zu gehen und ihn ausgiebig zu bewegen? Es gibt kaum Rassen, die langfristig mit wesentlich weniger Auslauf gesund bleiben. Wenn Sie generell sehr wenig täglich Auslaufzeit gewährleisten können, bleiben nur ein paar Zwerghunderassen zur Auswahl übrig.

Zeit für Auslauf und Bewegung sollte der zukünftige Hundebesitzer schon mitbringen. (Australian Shepherd)

Testen Sie sich nun durch die vielen unterschiedlichen Punkte auf den folgenden Seiten und beantworten Sie jede Frage ehrlich für sich selbst. In den Ergebnisspalten auf den Seiten 54 bis 59 können Sie dann nachsehen, ob die zu Ihnen passenden Rassen mit Ihren bisherigen Wunschrassen übereinstimmen oder ob Sie sogar eine Rasse entdeckt haben, die noch besser zu Ihnen und Ihrem Leben passen würde und die Ihnen außerdem auch noch gut gefällt! Die Kurzporträts der einzelnen Rassen schließlich stellen Ihnen die einzelnen Rassen mit Fotos, näheren Informationen und Kontaktadressen vor. Und nun viel Spaß beim Testen!

Testen Sie sich zum richtigen Hund

Die Fragen

(1) Alter des Besitzers bei Anschaffung des Hundes

- <65 Jahre: keine Einschränkungen
- >65 Jahre: siehe Tabelle

(2) Kinder im Haushalt (Lebensplanung der nächsten zehn Jahre bitte mit einbeziehen)

Nein: keine Einschränkungen

- <6 Jahre: siehe Tabelle
- 6-15 Jahre: siehe Tabelle
- >15 Jahre: keine Einschränkungen

(3) Wohnverhältnisse

- Haus mit Garten/Bauernhof: keine Einschränkungen
- Wohnung:
  a) Kein Aufzug bzw. > 3.Stock: siehe Tabelle
  b) Erdgeschoss ohne Garten: siehe Tabelle
  c) mit freiem Gartenzugang: keine Einschränkungen

(4) Alltag

- Hund ist mit einer Bezugsperson zuhause (höchstens vier Stunden alleine): keine Einschränkungen
- Hund ist in „Beruf" integriert und mit viel Publikumsverkehr konfrontiert (Ladengeschäft, Werkstatt, Gärtnerei, Büro mit viel Betrieb): siehe Tabelle

(5) Hobbys/Freizeitgestaltung

a) Wandern: siehe Tabelle
b) Joggen/Radfahren: siehe Tabelle
c) Reiten: siehe Tabelle
d) Schwimmen (Badesee, Meer): siehe Tabelle
e) Lesen/Basteln/Fernsehen: siehe Tabelle

(6) Andere Haustiere

(grundsätzlich: Welpen können an alle Hausgenossen gewöhnt werden. Diese Frage gilt vor allem für erwachsene Hunde und für Haustiere, die nach dem Hund angeschafft werden sollen).

a) Katzen: siehe Tabelle
b) Heimtiere und Geflügel: siehe Tabelle

(7) Interesse an hundesportlichen Aktivitäten

(alle Rassen sollten, falls in der Nähe erreichbar, an Welpenspieltagen teilnehmen und als erwachsene Tiere mit ihren Besitzern einen Kurs zum Verkehrssicheren Begleithund absolvieren)

a) Agility: siehe Tabelle
b) Obedience: siehe Tabelle
c) Rettungshundeausbildung siehe Tabelle
d) Jagdhundeausbildung: siehe Tabelle
e) Schlittenhundesport: siehe Tabelle
f) Windhunderennen/Coursing: siehe Tabelle
g) Fährtenhundeausbildung: keine Einschränkungen

(8) Bereitschaft zu aufwendiger Fell- und Körperpflege
- Ja: keine Einschränkungen
- Nein: siehe Tabelle

(9) Möglichkeit, dem Hund mindestens zwei Stunden freien Auslauf und Bewegung täglich zu verschaffen
- Ja: keine Einschränkungen
- Nein: siehe Tabelle

In diesem Test werden nur Fragen zu den äußeren Lebensumständen gestellt, nicht aber zum Temperament des zukünftigen Hundebesitzers. Einmal ist es äußerst schwierig, den eigenen Charakter objektiv und korrekt einzuschätzen und auch die temperamentsmäßigen Unterschiede innerhalb einer Hunderasse sind zu variabel, als dass eine gültige Einordnung möglich wäre. Auf Besonderheiten im Wesen der Hunde gehen die einzelnen Rasseporträts ein. Verlassen Sie sich aber immer auch auf die Einschätzung eines erfahrenen Züchters. Er kennt seine Welpen und auch die Rasse gut und wird Ihnen helfen, den zu Ihnen passenden jungen Hund zu finden!

Tabelle

Die Farben in der Tabelle weisen Ihnen den Weg:
- Rot: nicht geeignet
- Gelb: unter Vorbehalt geeignet
- Grün: gut geeignet

Je mehr grüne Felder Sie zu Ihren Antworten finden, desto besser passen Sie und der Hund zusammen. Bei gelben Feldern müssen Sie überlegen, ob Sie sich mit bestimmten Dinge auf lange Sicht arrangieren können oder wollen, mit denen Sie eigentlich nicht gerechnet haben. Rote Felder zeigen Ihnen, dass Sie und der Hund auf diesem Gebiet überhaupt nicht harmonieren.

Welcher Hund passt zu mir?

Rasse	Alter 1	Kinder 2a	2b	Wohnung 3a	3b	Beruf 4	5a
Afghane	gelb	rot	rot	rot	gelb	rot	grün
Airedale Terrier	gelb	grün	grün	gelb	gelb	grün	grün
Akita Inu	rot	gelb	gelb	rot	rot	gelb	grün
Alaskan Malamute	rot	gelb	gelb	rot	rot	rot	grün
Appenzeller und Entlebucher Sennenhund	gelb	grün	grün	gelb	gelb	grün	grün
Australian Shepherd	gelb	grün	grün	gelb	gelb	grün	grün
Barsoi	rot	rot	gelb	rot	gelb	gelb	grün
Basenji	grün	grün	grün	grün	grün	gelb	grün
Basset Hound	gelb	grün	grün	rot	grün	grün	grün
Beagle	grün	grün	grün	grün	grün	grün	grün
Bearded Collie	gelb	grün	grün	rot	gelb	grün	grün
Belgischer Schäferhund (exkl. Malinois)	gelb	grün	grün	gelb	gelb	grün	grün
Berner Sennenhund	gelb	grün	grün	rot	gelb	grün	grün
Bernhardiner	rot	gelb	gelb	rot	rot	A (gelb)	grün
Bichons	grün	rot	gelb	grün	grün	grün	grün
Bobtail	rot	gelb	grün	rot	gelb	grün	grün
Border Collie	rot	gelb	grün	gelb	gelb	gelb	grün
Border Terrier	grün	grün	grün	gelb	gelb	gelb	grün
Boxer	gelb	grün	grün	rot	gelb	gelb	grün
Briard	rot	gelb	grün	rot	gelb	gelb	grün
Cairn Terrier	grün	grün	grün	grün	grün	grün	grün
Cavalier King Charles Spaniel	grün	grün	grün	grün	grün	grün	grün
Chihuahua	grün	rot	gelb	grün	grün	B (grün)	gelb
Chow Chow	gelb	gelb	gelb	rot	rot	gelb	grün
Cocker Spaniel	grün	gelb	grün	gelb	grün	grün	grün
Collie Kurzhaar	gelb	grün	grün	rot	gelb	grün	grün

1 = Alter > 65 Jahre; 2a = Kinder < 6 Jahre; 2b = Kinder > 6 Jahre; 3a = Wohnung oberhalb 3. Stock ohne Aufzug; 3b = Kein Garten; 4 = Hund soll in Beruf mitgenommen werden; 5a = Wandern, 5b = Joggen, Fahrradfahren; 5c = Reiten; 5d = Schwimmen; 5e = Lesen, Ba-

A = Je nach Platz; B = Keine Werkstatt; C = Nur im Fahrradkörbchen; D = Nicht im Hochsommer; E = Je nach Typ; F = Je nach Haartextur; G = Wasserrettung; H = Toypudel nur im Fahrradkörbchen.

steln; **6a** = Katzen; **6b** = Heimtiere, Geflügel; **7a** = Agility; **7b** = Obedience; **7c** = Rettungshund; **7d** = Jagdhund; **7e** = Schlittenhund; **7f** = Rennhund; **8** = Keine Bereitschaft zur ausgiebigen Fellpflege; **9** = Keine Möglichkeit täglich mindestens 2 Stunden zu laufen.

Rasse	Alter	Kinder		Wohnung		Beruf	
	1	2a	2b	3a	3b	4	5a
Collie Langhaar							
Dackel							
Dalmatiner							
Deutsche Dogge						A	
Deutscher Schäferhund							
Dobermann							
Englische Bulldogge							D
English Springer Spaniel							
Eurasier							
Flat Coated Retriever							
Foxterrier Drahthaar							
Foxterrier Glatthaar							
Französische Bulldogge							D
Golden Retriever							
Greyhound							
Hovawart							
Irish Soft Coated Wheaten Terrier							
Irish Terrier							
Irish Wolfhound						A	
Kromfohrländer							
Kuvasz							
Labrador Retriever							
Landseer						A	
Leonberger						A	
Malinois							
Mittelschnauzer							
Mops							D
Neufundländer						A	

1 = Alter > 65 Jahre; 2a = Kinder < 6 Jahre; 2b = Kinder > 6 Jahre; 3a = Wohnung oberhalb 3. Stock ohne Aufzug; 3b = Kein Garten; 4 = Hund soll in Beruf mitgenommen werden; 5a = Wandern, 5b = Joggen, Fahrradfahren; 5c = Reiten; 5d = Schwimmen; 5e = Lesen, Basteln; 6a = Katzen; 6b = Heimtiere, Geflügel; 7a = Agility; 7b = Obedience; 7c = Rettungshund; 7d = Jagdhund; 7e = Schlittenhund; 7f = Rennhund; 8 = Keine Bereitschaft zur ausgiebigen

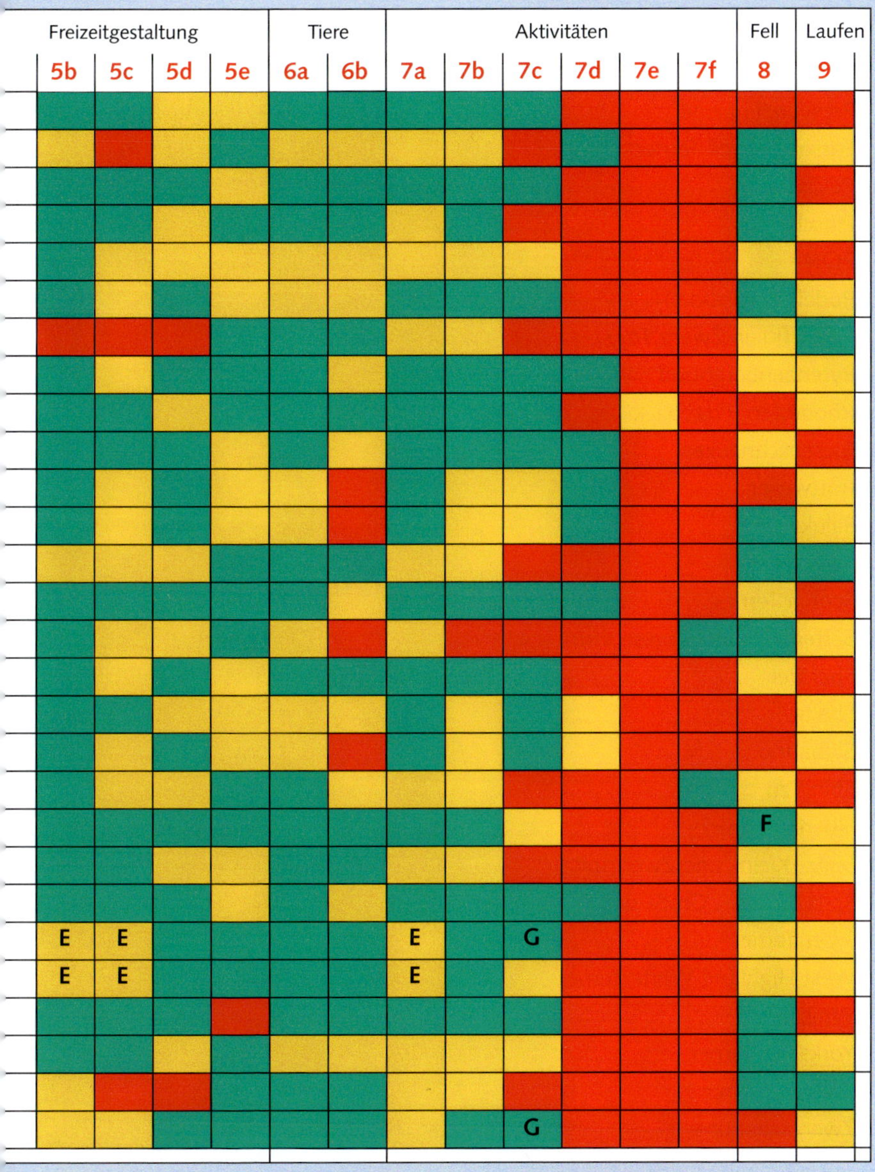

Fellpflege; 9 = Keine Möglichkeit täglich mindestens 2 Stunden zu laufen.
A = Je nach Platz; B = Keine Werkstatt; C = Nur im Fahrradkörbchen; D = Nicht im Hochsommer; E = Je nach Typ; F = Je nach Haartextur; G = Wasserrettung; H = Toypudel nur im Fahrradkörbchen.

Rasse	Alter	Kinder		Wohnung		Beruf	
	1	2a	2b	3a	3b	4	5a
Papillon/Phalène						B	
Parson Russell Terrier							
Pekinese							D
Pinscher							
PON							
Pudel (Großpudel)							
Pudel (Klein,Zwerg,Toy)							
Pyrenäenberghund							
Rhodesian Ridgeback							
Riesenschnauzer							
Rottweiler							
Saluki							
Samojede							
Scotch Terrier							
Setter (Gordon,English,Irish)							
Shar Pei							
Sheltie							
Shiba Inu							
Shih Tzu							
Siberian Husky							
Spitz (Klein- und Zwergspitz)							
Spitz (Wolfs-, Groß- und Mittelspitz)							
Tibet Terrier							
West Highland White Terrier							
Whippet							
Yorkshire Terrier							
Zwergpinscher							
Zwergschnauzer							

1 = Alter > 65 Jahre; 2a = Kinder < 6 Jahre; 2b = Kinder > 6 Jahre; 3a = Wohnung oberhalb 3. Stock ohne Aufzug; 3b = Kein Garten; 4 = Hund soll in Beruf mitgenommen werden; 5a = Wandern, 5b = Joggen, Fahrradfahren; 5c = Reiten; 5d = Schwimmen; 5e = Lesen, Basteln; 6a = Katzen; 6b = Heimtiere, Geflügel; 7a = Agility; 7b = Obedience; 7c = Rettungshund; 7d = Jagdhund; 7e = Schlittenhund; 7f = Rennhund; 8 = Keine Bereitschaft zur ausgiebigen

Freizeitgestaltung				Tiere		Aktivitäten						Fell	Laufen
5b	5c	5d	5e	6a	6b	7a	7b	7c	7d	7e	7f	8	9
C													
H													
C													

Fellpflege; **9** = Keine Möglichkeit täglich mindestens 2 Stunden zu laufen.
A = Je nach Platz; B = Keine Werkstatt; C = Nur im Fahrradkörbchen; D = Nicht im Hochsommer; E = Je nach Typ; F = Je nach Haartextur; G = Wasserrettung; H = Toypudel nur im Fahrradkörbchen.

Rassegruppen (in Anlehnung an die FCI-Klassifizierung)

Hütehunde	Treibhunde	Herdenschutz-/ Berghunde	Wach- und Hofhunde
z.B. Schäferhund	z.B. Sennenhund	z.B. Bernhardiner	z.B. Dobermann
		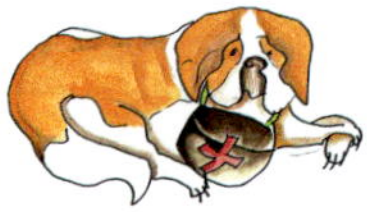	

Windhunde	Doggenartige Hunde	Erdhunde	
z.B. Greyhound	z.B. Dogge	z.B. Foxterrier	z.B. Dackel
		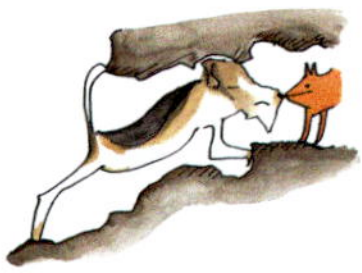	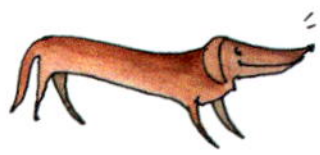

Rassegruppe	Rasse, Seite
Hütehunde	Australian Shepherd 73, Bearded Collie 78, Belgischer Schäferhund 80, Bobtaill 87, Border Collie 89, Briard 94, Collie 103, Deutscher Schäferhund 111, PON 150, Shetland Sheepdog 167
Treibhunde und Schweizer Sennenhunde	Appenzeller Sennenhund 70, Entlebucher Sennenhund 70, Berner Sennenhund 81, Rottweiler 157
Berghunde und Herdenschutzhunde	Bernhardiner 83, Kuvasz 136, Landseer 138, Leonberger 141, Neufundländer 143, Pyrenäenberghund 154
Doggenartige Hunde	Boxer 93, Deutsche Dogge 109, Englische Bulldogge 114, Shar Pei 166
Wach- und Hofhunde	Dobermannn 112, Hovawart 128, Pinscher 149, Schnauzer 162
Terrier	Airedale Terrier 66, Border Terrier 92, Cairn Terrier 95, Foxterrier 120, Irish Soft Coated Wheaten Terrier 131, Irish Terrier 132, Jack Russell Terrier 146, Parson Russell Terrier 146, Scotch Terrier 164, West Highland White Terrier 176
Dackel	Dackel 106

Der kleine Hund in den folgenden Porträts zeigt Ihnen, zu welcher Gruppe die jeweils vorgestellte Hunderasse gehört.

Vorstehhunde	Apportier-hunde	Stöberhunde	Laufhunde/ Bracken
z.B. Irish Setter	z.B. Labrador	z.B. Spaniel	z.B. Beagle

Luxushunde	Nordische/ Urtyphunde		Gesellschafts-/ Begleithunde
z.B. Chihuahua	z.B. Schlittenhunde	z.B. Shiba Inu	z.B. Dalmatiner
	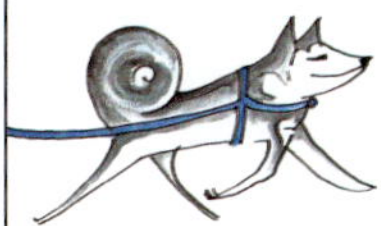		

Rassegruppe	Rasse, Seite
Schlittenhunde	Alaskan Malamute 68, Samojede 161, Siberian Husky 171
Spitze und Urtyphunde	Akita Inu 67, Basenji 75, Chow Chow 99, Eurasier 117, Shiba Inu 169, Spitz 173
Laufhunde	Basset Hound 76, Beagle 77, Rhodesian Ridgeback 155
Vorstehhunde	English Setter 115, Gordon Setter 123, Irish Setter 129
Apportierhunde	Flat Coated Retriever 119, Golden Retriever 122, Labrador Retriever 138
Stöberhunde	Cocker Spaniel 101, English Springer Spaniel 116
Gesellschafts-/ Begleithunde	Cavalier King Charles Spaniel 96, Dalmatiner 107, Französische Bull-dogge 121, Kromfohrländer 135, Mops 142, Pudel 152, Tibet Terrier 175
Zwerghunde	Bichons 85, Chihuahua 98, Coton de Tuléar 104, Papillon und Phalène 145, Pekinese 148, Shih Tzu 170, Yorkshire Terrier 179, Zwergpinscher 180
Windhunde	Afghane 64, Barsoi 73, Greyhound 127, Irish Wolfhound 133, Saluki 159, Whippet 177

Rassen im Porträt

Hinweis

In den folgenden Kurzporträts der Hunderassen, die in der Tabelle aufgeführt sind, finden Sie neben einer Beschreibung des Charakters und der Besonderheiten auch Angaben zu Gesundheit, monatlichen Futter- und Fellpflegekosten und dem durchschnittlichen Welpenpreis. Bitte beachten Sie, dass diese Angaben nur in einem gewissen Rahmen möglich sind, weil zum Beispiel die Futterkosten je nach Aktivität, Geschlecht und auch Futtersorte variieren können. Welpenpreise sind kein Qualitätskriterium, sondern entsprechen der Einstellung und dem Aufwand des jeweiligen Züchters! Zu den Kosten für Hundesteuer, Haftpflichtversicherung und tierärztlichen Routine- sowie speziellen Behandlungen sind keine allgemeinen Angaben möglich. Bitte erfragen Sie diese individuell!

Die Umzäunung eines eventuell vorhandenen Grundstückes wird bei jeder Rasse dringend empfohlen, zum Schutz des Hundes wie auch von Verkehrsteilnehmern und Passanten.

Soweit es möglich war, wurden Angaben zu den verschiedenen Zuchtclubs gemacht. Suchen Sie einen Welpen für eine ganz spezifische Ausbildung (Jagdhund, Rennhund oder Rettungshund), so sollten sie dies stets auch mit dem Züchter oder der Welpenvermittlungsstelle des jeweiligen Clubs besprechen.

Afghanischer Windhund, Afghane

Herkunftsland: Afghanistan
FCI-Nr.: 228/10.1
Größe: Rüde 68 bis 74 cm,
Hündin 63 bis 69 cm
Gewicht: ohne Angabe

Der Afghane ist eine sehr auffällige Erscheinung, was ihn vor allem in den 70er Jahren des vorigen Jahrhunderts zu einem beliebten Modeaccessoire schöner Damen – und auch Herren – machte. Die Degradierung zum bloßen Schönling bekam dem Image des einstigen Hetzjägers nicht gut und bald hatte er den Ruf eines schönen, aber dummen Hundes. Auch viele Hundeausbilder erklärten den Afghanen, der sich mit den bis dahin gängigen Dressur-Methoden eher brechen denn abrichten lässt, für wenig intelligent.

Dies wird dem stolzen, würdevollen Tier allerdings nicht gerecht, denn als ein in seinem wilden Ursprungsland selbstständig jagender Hund konnte er sich nicht vor jeder Entscheidung zustimmungsheischend zu seinem Besitzer umdrehen. Er musste selbst entscheiden, seine Kräfte und Risiken einschätzen können. Deshalb sind ein ausgeprägtes Selbstbewusstsein und eine ebenso große Unnahbarkeit Fremden gegenüber typische Attribute des Afghanischen Windhundes. Einen Afghanen während des Spaziergangs von der Leine zu lassen, ist in unseren Breitengraden kaum gefahrlos möglich: Autos, Bahngleise und auch Stacheldrahtzäune haben schon so mancher Jagd ein unschönes Ende bereitet.

Afghane.

Allzu verträglich mit fremden Artgenossen ist der Afghane nicht und Katzen, Kaninchen oder andere Tiere, die ihm unterwegs begegnen, können nur darauf bauen, dass sie schneller sind als er oder aber schnell auf einem Baum! Im Haus hingegen ist der Afghane ein angenehmer, weil ruhiger und unaufdringlicher Gefährte. Fremde meldet er, neigt aber nicht zu ausufernder Kläfferei. Nur allzu penibel darf die Hausfrau oder der Hausmann nicht sein, denn an einem Schmuddeltag kann der Afghane eine ganze Menge Schlamm und Schmutz mit ins Haus schleppen, ganz zu schweigen von kleinen Ästchen, Blättern und Kletten, die sich auch an trockenen Tagen in seinem langen Fell verheddern. Vor der Fütterung empfiehlt es sich, die üppig behaarten Ohren zurück zu binden oder dem Hund eine Haube überzustreifen.

Am Haarkleid des Afghanen scheiden sich die Geister so mancher Züchter: Die reinen Ausstellungshunde zeigen die Tendenz zu immer längerem, üppigerem und dadurch pflegeintensiverem Fell. Die vorrangig auf Rennleistung gezüchteten Tiere sind dagegen eher moderat behaart. Dafür ist bei ihnen die Renn- und Hetzleidenschaft ausgeprägter als bei den reinen Schau-Hunden! Es empfiehlt sich, mit dem Züchter zu sprechen und nach seinen primären Zuchtzielen zu fragen. Dann sollte man sich auch ganz offen über die Konsequenzen für die Haltung aufklären lassen!

Natürlich macht es dem Afghanen jeden Alters großen Spaß, sich gelegentlich auf der Rennbahn oder beim Coursing, dem organisierten Querfeldeinlauf auszutoben. Auf den meisten Windhundrennplätzen ist es möglich, seinen Hund sicher frei laufen und spielen zu lassen, Informationen geben Ihnen die Rasseclubs und die Rennvereine. Besuchen Sie vor dem Kauf ein Afghanen-Rennen!

Airedale Terrier.

Mit regelmäßiger Bewegung an der Leine am Fahrrad oder beim Joggen und dem Verständnis für seine ihm eigene Wesensart kann ein Afghane aber auch ohne tägliche Hetzjagd ein glücklicher und zufriedener Hausgenosse sein.

Monatliche Futterkosten: ca. 60 €
Lebenserwartung: 10-13 Jahre
Welpenpreis: ca. 1000-1300 €
Zuchtclubs im VDH:
Deutscher Windhundzucht- und Rennverband (DWZRV)
Deutscher Afghanen-Rassezucht-club 1988 (DAC)

Airedale Terrier

FCI-Nr.: 7/3.1
Herkunftsland: Großbritannien
Größe: Rüde 58-61 cm,
Hündin 56-59 cm
Gewicht: ohne Angabe

Der Airedale Terrier ist ein in der ganzen Welt überaus geschätzter Familien- und Begleithund, der sich auch als Diensthund bewährt hat. Es ist tatsächlich schwer, an diesem Hund irgend etwas auszusetzen: Er ist seiner Familie treu ergeben, hat nicht das manchmal etwas nervöse Temperament anderer Terrierrassen, sondern bleibt in den meisten Situationen besonnen. Dennoch ist er ein guter Wächter, mit dem in brenzligen Situationen nicht zu spaßen ist. Er muss regelmäßig getrimmt werden, damit sein Fell pflegeleicht bleibt. Nach dem Fressen sollte man seinen Bart reinigen.

Airedales lieben Sport und Spiel und sollten unbedingt ausreichend beschäftigt und bewegt werden. Manche neigen zum Raufen – auch wenn sie nicht solch begeisterte Streithähne sind wie manch anderer Terrier. Die Grunderziehung bereitet bei ihnen kaum Schwierigkeiten, obwohl sie bisweilen etwas dickköpfig sein können. Gesundheitlich sind sie recht robust. Manche Airedales neigen allerdings zu Verdauungsproblemen, vor allem bei Futterumstellungen. Die Elterntiere sollten auf jeden Fall HD-frei sein!

Monatliche Futterkosten: ca. 30 €
Fellpflegekosten: alle 3 Monate ca. 40-50 €
Lebenserwartung: 10-15 Jahre
Welpenpreis: ca. 800-950 €
Zuchtclubs im VDH:
Klub für Terrier (KfT)

Akita Inu

Herkunftsland: Japan
FCI-Nr.: 255/5.5
Größe: Rüde 67 cm, Hündin 61 cm
Gewicht: ohne Angabe
Der Akita ist ein großer, imposanter Hund, der über eine gehörige Portion Selbstbewusstsein verfügt. Als ehemaliger Bärenjäger aus dem Norden Japans ist er ein mutiger Hund, der auch einer Rauferei mit anderen Hunden nicht abgeneigt ist. Auch oder gerade weil diese Rasse über einen ziemlichen Sturkopf verfügt, muss die Einordnung in die Rangfolge innerhalb des Familienrudels früh beginnen. Man darf konsequente Früherziehung allerdings nicht mit kompromissloser Härte und Zwang verwechseln. Dies würde einen Akita nur trotzig machen und letztendlich zum Gegenteil führen. Er muss vielmehr davon überzeugt werden, dass das, was von ihm erwartet wird, für ihn nur Vorteile hat. Dies ist vor allem mit Freundlichkeit und ruhiger Konsequenz möglich. Unsichere, jähzornige Menschen werden mit einem zur Dominanz neigenden Akita ihr blaues Wunder erleben!

Akita Inu.

Zur Ausbildung auf dem Hundeplatz eignet sich ein Akita weniger und Schutzdienst verbietet sich bei dieser Rasse von selbst. Dafür ist er ein unermüdlicher Begleiter auf Wanderungen, liebt Schnee und lässt sich mit etwas Gewöhnung auch hervorragend vor einen Kinderschlitten spannen.

Im Haus ist er angenehm, eher ruhig und unaufdringlich. Zur Verzweiflung bringen kann er die Hausfrau, wie alle Nordischen Hunde mit der typischen dichten Unterwolle in den Zeiten des Fellwechsels: Wahre Berge an Unterwolle wollen täglich ausgebürstet werden.

Für den Akita empfiehlt sich eine kombinierte Haltung im Haus und im Freien. Er sollte frei über seinen Aufenthaltsort entscheiden können. Oft wird er sich zu kühleren Jahreszeiten freiwillig aus unseren überheizten Räumen nach draußen begeben. Nie sollte er aber isoliert im Garten oder gar Zwinger gehalten werden. Gerade ein Akita muss vor allem in seiner Jugendzeit viel mit Menschen, Kindern und auch anderen Hunden zusammen gebracht werden. Eine körperliche Schwachstelle des Akita ist seine Haut. Er neigt zu Ekzemen und Talgüberproduktion. Viele Tiere reagieren auch empfindlich auf ein Überangebot an Protein im Futter. Spezialernährung, entweder teures industrielles Futter vom Tierarzt oder eine spezielle, selbst zubereitete Kost sind dann nötig.

Anmerkung: Im Laufe der Zuchtgeschichte entfernten sich die Hunde der amerikanischen Zuchtrichtung immer mehr von den japanischen sowie europäischen Akitas. Die so genannten „American Akitas" waren wesentlich größer, schwerer und insgesamt bärenartiger im Typ. Ab dem Jahr 2000 wurde schließlich der amerikanische Typ als eigenständige Rasse anerkannt und als „Großer Japanischer Hund" unter der Nummer 344, 2.4 von der FCI eingetragen.

Monatliche Futterkosten: ca. 50 €
Lebenserwartung: 10-14 Jahre
Welpenpreis: ca. 1250 €
Zuchtclubs im VDH:
Deutscher Club für Nordische Hunde (DCNH)
Akita Club

Alaskan Malamute

Herkunftsland: USA
FCI-Nr.: 243/5.1
Größe: Mittelmaß Rüde 63,5 cm, Hündin 58,4 cm
Gewicht: Mittelmaß Rüde 38 kg, Hündin 34 kg

Er ist ein Arbeitstier durch und durch: ohne angemessene körperliche Betätigung kommt dieses Kraftpaket im Handumdrehen auf dumme Gedanken. Ein Malamute eignet sich noch weniger als die meisten anderen Rassen zum bloß schmückenden Beiwerk seines Besitzers. Er braucht als Rudeltier Gesellschaft möglichst rund um die Uhr, sonst erfreut er unter Umständen die gesamte Nachbarschaft mit durchdringendem Geheul. Sportlich sollte sein Besitzer ebenfalls sein und zwar bei Wind und Wetter.

Diese Hunde verfügen über eine fast unheimliche Intelligenz. Sie sind sehr gute Beobachter und wissen die geringste Schwäche blitzschnell auszunutzen. Auf der anderen Seite sind sie sehr zärtlich, was bei diesen riesigen, urwüchsigen Tieren ausgesprochen rührend wirken kann.

Alaskan Malamute.

Bei vielen Exemplaren ist der Jagdtrieb stark ausgeprägt. Eine sichere Umzäunung des Grundstückes (mindestens 2,20 Meter hoch und auch nach unten gut befestigt) ist ein Muss! Reine Wohnungshaltung ist für diese Rasse nicht ideal: Sowohl der hitzeempfindliche Malamute, der den Aufenthalt im Freien liebt, als auch die sonst eher unempfindliche Hausfrau würden die ausgedehnten Phasen des Haarwechsels als unangenehm bis quälend empfinden!

Als Mensch zu Fuß kann man einen Malamuten kaum müde bekommen. Eine durchschnittliche Wanderung ist für ihn nur ein Warm-up. Ideal ist es, ihn Lasten ziehen zu lassen: im Winter Schlitten, im Sommer Trainingswagen oder Sie auf dem Fahrrad. Hierfür ist allerdings ein gewisser Grundgehorsam unerlässlich. Das Ziehen auf Rollschuhen ist eher gefährlich.

Ein Malamute, der sich selbst überlassen und gelangweilt ist, richtet im besten Fall ein Chaos, im schlimmsten Fall eine Katastrophe an! Malamuten benötigen oft eine spezielle Ernährung. Zu viel Protein kann zu Verdauungs- und Hautproblemen führen. Eine nicht zu reichhaltige Kost, eventuell sogar mit Zufütterung von Fisch wäre ideal. Ab und an treten Schilddrüsenprobleme auf.

Die Haltung dieser Rasse erfordert eine sehr selbstkritische Prüfung und

Appenzeller Sennenhund.

ausführliche Züchtergespräche vor dem Kauf. Ein Malamute ist kein Renommierhund, sondern eine Lebensaufgabe!

Monatliche Futterkosten: ca. 40 €
Lebenserwartung: 12-15 Jahre
Welpenpreis: 800-1250 €
Zuchtclubs im VDH:
Deutscher Club für Nordische Hunde (DCNH)

Appenzeller und Entlebucher Sennenhund

Herkunftsland: Schweiz
FCI-Standard: 46/2.3 und 47/2.3
Größe Appenzeller: Rüde 52-56 cm, Hündin 50-54 cm
Größe Entlebucher: Rüde 42-52 cm, Hündin 40-50 cm
Gewicht: ohne Angabe
Die beiden kleineren der vier verschiedenen Schweizer Sennenhunde sind aufmerksame und eifrige Arbeitshunde. In den letzten Jahren ist vor allem der Appenzeller zu einiger Popularität

in Deutschland gelangt, aber auch der Entlebucher wird als Familienhund immer beliebter.

Beide Rassen sind unermüdliche Spielgefährten und Begleiter bei allen Unternehmungen. Ursprünglich zum Treiben der Rinder und zum Bewachen der Sennhütten auf Schweizer Almen gezüchtet und dort teilweise auch heute noch tätig, sind diese Hunde wachsam, flink und von Grund auf mit einem gewissen Misstrauen gegenüber Fremden ausgestattet. Dies ist auch mit der kritische Punkt bei diesen Rassen, denn wenn eine ausreichende Sozialisierung in der Welpenzeit versäumt worden ist, wird der erwachsene Hund dieses tief verwurzelte Misstrauen gegenüber allem Fremden niemals ablegen. Das kann in der heutigen Zeit und Gesellschaft durchaus zu Problemen führen.

Auch seine Bellfreudigkeit heißt es beizeiten in gemäßigte Bahnen zu lenken, um sich nicht den Zorn aller Nachbarn zuzuziehen. Sonst sind diese Hunde sowohl von der Haltung als auch ihrem Wesen her eher pflegeleicht, robust und wenig krankheitsanfällig. Nur eines brauchen sie: ausreichend Beschäftigung und Gesellschaft, damit ihr Tatendrang nicht zu Problemen führt.

Die kleinen Sennenhunde eignen und begeistern sich für vielerlei Unternehmungen: Sowohl Hundesport in allen möglichen Variationen, außer Schutzdienst, als auch Ausbildung zum Rettungs- oder Fährtenhund. Ebenso werden kleinere Aufgaben in Haus und Hof von beiden Sennenhundrassen gemeistert. Etwas aufpassen sollte man allerdings, wenn die Kinder der Familie Freunde zu Besuch haben: allzu hektische Bewegungen, wie zum Beispiel beim Fußballspiel, verleiten einen Sennenhund als ehemaligen Viehtreiber schon einmal dazu, nach einer Fessel zu schnappen. Dies ist an sich kein aggressiver Akt, tröstet allerdings das betroffene Kind nicht.

Entlebucher Sennenhund.

Monatliche Futterkosten: ca. 35 €
Lebenserwartung: 13-15 Jahre
Welpenpreis: 750 €
Zuchtclubs im VDH:
Schweizer Sennenhundverein für Deutschland (SSV)

Australian Shepherd

FCI-Nr.: 342/1.1
Herkunftsland: USA
Größe: Rüde 51-58,5 cm
Hündin 46-53,5 cm
Gewicht: ohne Angabe
In Amerika ein weit verbreiteter Begleithund, findet der Aussie auch in Deutschland immer mehr Freunde. Ursprünglich als Hütehund eingesetzt – auch heute arbeitet er noch auf vielen amerikanischen Farmen – bewährt er sich zunehmend auch als Rettungs- und Therapiehund. Nach Deutschland brachten ihn zuerst die Westernreiter und so erfreut er sich auch in dieser Szene besonders großer Beliebtheit als Reitbegleithund.

Diese Hunde sind agile Powerbündel. Sie wollen unbedingt etwas tun. Nur wegen seiner hübschen Erscheinung sollten Sie sich keinesfalls einen Aussie anschaffen! Ein unausgelasteter Australian Shepherd kann zur Nervensäge werden, die – alleingelassen – Mobiliar zerstört und im Freien allem nachsetzt, was sich bewegt: Joggern, Fußbällen, Fahrradfahrern und Anderem.

Für unternehmungslustige Menschen, die einen sportlichen Begleiter suchen und die auch Spaß an hundesportlichen Aktivitäten haben, ist der Aussie eine brillante Wahl.

Er lernt leicht und gerne, ist dabei sehr anhänglich und geht eine enge Bindung zu seinen Menschen ein. Gesundheitlich sind Aussies robust. Man sollte allerdings auf HD-freie Elterntiere achten. Gelegentlich treten erbliche Augenerkrankungen auf. Auch hierauf muss geachtet werden.

Linke Seite: Australian Shepherd.

Monatliche Futterkosten: ca. 25-40 €
Lebenserwartung: ca. 12 Jahre
Welpenpreis: ca. 600-1000 €
Kein Zuchtclub im VDH, auf Anfrage werden Züchteradressen vermittelt.
Es gibt in Deutschland zwei Zuchtclubs, die direkt dem amerikanischen Dachverband untergeordnet sind:
Australian Shepherd Club of Deutschland (ASCD)
Australian Shepherd Association Germany (ASAG)

Barsoi, Russischer Windhund

FCI-Nr.: 193/10.1
Herkunftsland: Russland
Größe: Rüde 70-82 cm (auch größer);
Hündin ca. 5 cm kleiner
Gewicht: ohne Angabe
Der Barsoi erfreute sich in den ersten Jahrzehnten des 20. Jahrhunderts großer Beliebtheit als dekorativer Begleithund eleganter Damen in Westeuropa. Man sieht ihn als Stilelement auf vielen Art-Deco-Abbildungen. Seine fließenden Körperformen, sein seidiges, gewelltes Fell und seine aristokratische Ausstrahlung ließen ihn zum begehrten Accessoire werden. Wie bei so manch anderer Windhundrasse brachte ihn diese in keiner Weise rassegerechte Haltung schnell in den Verruf, dumm und bissig zu sein.

Als ursprünglicher Wolfshetzer ist der Barsoi ein Mittelstreckenjäger mit einer ganz gehörigen Portion Mut und Schärfe. Unterwürfigkeit ist nicht seine

Barsoi.

Sache, auch wenn er innerhalb der Windhunde zu den leichter Erziehbaren gehört. Und wenn er einmal ein Jagdobjekt entdeckt hat, so ist es äußerst schwierig, ihn von der Verfolgung abzuhalten.

Im Haus ist der Barsoi ruhig und unaufdringlich. Dies sollte aber keineswegs darüber hinweg täuschen, dass er einen großen Bewegungsdrang hat, den man in Form von regelmäßigem Fahrradtraining, Ausflügen und idealerweise gelegentlichem Coursing befriedigen sollte. Mit anderen Tieren, auch fremden Hunden, ist unter Umständen Vorsicht geboten.

Vielen Barsois steckt das Hetzfieber noch im Blut. Wer Freude an einer nicht alltäglichen Hundeerscheinung, ein Gespür für sein spezielles Wesen hat und selbst kein Stubenhocker ist, der kommt beim Barsoi auf seine Kosten. Bei der Auswahl eines Welpen sollte man darauf achten, ob der Züchter seinen Schwerpunkt auf Rennleistung oder auf Ausstellungserfolge legt.

In letzter Zeit häufen sich die Klagen über bösartige Tumoren. Auch Herz-Kreislauferkrankungen sollen immer wieder einmal auftreten. Andere schwer wiegende Erkrankungen sind eher selten.

Barsois sind wie die meisten Windhunde recht Narkose empfindlich. Auch auf Flohmittel können sie überreagieren.

Monatliche Futterkosten: 40-60 €
Lebenserwartung: ca. 11 Jahre
Welpenpreis: 1000 €
Zuchtclubs im VDH:
Deutscher Windhundzucht- und Rennverband (DWZRV)

Basenji

FCI-Nr.: 43/5.6
Herkunftsland: Zentralafrika (Kongo)
Größe: Rüde 43 cm, Hündin 40,5 cm
Gewicht: Rüde: ca. 11 kg,
Hündin: ca. 9,5 kg

Der Basenji ist eigentlich ein Hund für Katzenliebhaber: Er ist äußerst reinlich, hat kaum Eigengeruch und besitzt ein Fremden gegenüber zurückhaltendes, dem Besitzer aber zärtlich zugetanes, nicht aufdringliches Wesen. Er bellt nicht wie andere Hunderassen, kann aber dennoch recht laut werden, wenn er seine typischen, jodelnden Laute von sich gibt. Der Basenji gehört zu den Urtyp-Hunden, die überall auf der Welt in ähnlicher Form zahm bis halb wild innerhalb oder am Rande menschlicher Gemeinschaften leben. Er hat sich eine gewisse Ursprünglichkeit bewahrt und kann nicht als hochgezüchteter Rassehund bezeichnet werden. Zwar wurden seine Vorfahren, wie seine heute noch im Kongo lebenden Verwandten auch zur Jagd mitgenommen, lassen sich aber nicht mit den teilweise hochspezialisierten Jagdhunden Europas oder Nordamerikas vergleichen. Überlebenswichtig für diesen Hundetyp war immer schon eine gewisse Selbstständigkeit – weder ein weiches Lager, ein täglich gefüllter Napf noch regelmäßige Streicheleinheiten waren je selbstverständlich. So sind Basenjis auch heute noch recht eigenständige Hundepersönlichkeiten, die mit Fremden, ob Mensch oder Tier meist nicht besonders viel im Sinn haben. Freilauf sollte man ihm nur gewähren, wenn man ihn gut unter Kontrolle hat, denn gerne geht der

Basenji.

Basenji beim Spaziergang einmal eigene Wege! Die Erziehung ist überhaupt so eine Sache. Parieren wird er nie, doch mit Geduld, Freundlichkeit und Toleranz kann man natürlich auch den Basenji zu einem angenehmen Hausgenossen erziehen. Dass diese kurzhaarige Rasse keiner allzu großen Kälte ausgesetzt werden sollte, versteht sich von selbst. Zuchthunde müssen regelmäßig auf erbliche Augenkrankheiten und HD untersucht werden. Dies sollte auch bei reinen Familienhunden zumindest einmal geschehen, nicht zuletzt, damit man dem Züchter entsprechende Rückmeldung über den Gesundheitszustand seiner Nachzucht geben kann! Es gibt ein paar Erbkrankheiten, die beim Basenji häufiger als bei anderen

Rassen vorkommen: dazu gehört der Pyruvatkinase-Mangel (eine Art der Blutarmut), Fanconi-Syndrom (eine Nierenerkrankung) und auch eine Neigung zu Darmentzündungen. Der deutsche Basenji-Klub ist allerdings recht rege in Erforschung und Bekämpfung rassebedingter Erkrankungen!

Monatliche Futterkosten: ca. 25 €
Lebenserwartung: ca. 10 Jahre
Welpenpreis: 1000 €
Zuchtclubs im VDH:

1. Basenji-Klub Deutschland v. 1977

Basset Hound

Herkunftsland: Großbritannien
FCI-Nr.: 163/6.1
Größe: 33-38 cm
Gewicht: ohne Angabe

Der Basset wurde von einem Rassekenner treffend als Hund von „träger Lebendigkeit" charakterisiert: Einerseits schätzt er die häusliche Gemütlichkeit sehr, andererseits ist er in der Lage und auch willens, als ehemaliger Meutehund einer interessanten Spur mit großer Ausdauer, Begeisterung und auch Geschwindigkeit zu folgen.

Auch sein Äußeres weist einige Extreme innerhalb der Hundewelt auf. Für seine Schulterhöhe hat er ein relativ hohes Körpergewicht, ist also tatsächlich ein mittelgroßer bis großer Hund auf kurzen Beinen. Ihn an der Leine zu halten oder über mehrere Etagen die Treppen hoch, beziehungsweise hinunter zu tragen, erfordert einiges mehr an Körperkraft als bei anderen Rassen der gleichen Schulterhöhe.

Seine Ohren sind die längsten aller Rassen: Nach vorne gehalten, sollen sie sich vor der Nasenspitze berühren. Unter diesen Umständen sollte man spezielle Näpfe für den Basset bereit stellen, um nicht nach jeder Mahlzeit den Behang reinigen zu müssen. Und eine gute Portion Humor ist nicht erst dann erforderlich, wenn der Basset seine Speichelfäden und Pfotenabdrücke auf dem neuen cremefarbenen Seidenrock verteilt hat!

Beim Basset ist nun mal Gelassenheit die Devise – mit Druck oder Hysterie erreicht man nichts bei ihm. Seine Fans lieben neben seinem unverwechselbaren Äußeren vor allem seinen Charakter. Seine nahezu grenzenlose Menschenliebe und sein sanftes, gleichzeitig dickköpfiges Wesen machen ihn zu einem liebenswerten, aber manchmal nicht ganz einfach zu führenden, niemals abzurichtenden Begleiter.

Als Meutehund braucht der Basset unbedingt den engen Kontakt zu seinen Rudelmitgliedern. Allein gelassen macht er sich (und seine Besitzer) schnell durch sein klangvolles Geläut unbeliebt.

Ein Pluspunkt des Bassets hingegen ist seine große Gelassenheit im Umgang mit Artgenossen.

Basset Hound.

Selten wird er von sich aus Streit mit anderen Hunden suchen.

Seine körperlichen Schwachstellen liegen, bedingt durch seine spezielle Anatomie, im Bereich seines Bewegungsapparates. Wirbelsäule und Gelenke können durch zu frühe oder zu starke Beanspruchung arg in Mitleidenschaft gezogen werden. Deswegen sollte der Hund bis zu einem Alter von zwölf Monaten Treppen hinauf- und herunter getragen werden. Joggen, Reit- und Fahrradbegleitung sind keine geeigneten Sportarten für diese Rasse. Substanz darf beim Basset keinesfalls mit Masse verwechselt werden. Jedes überflüssige Kilo schadet der Beweglichkeit und Gesundheit des Bassets, mehr noch als bei den hochläufigen Rassen. Auch die Hautfalten, die ja manche Bassets am Kopf und den Gliedmaßen sehr reichlich besitzen, können mitunter eine Neigung zu Ekzemen aufweisen und sollten genauso wie die Ohren peinlich sauber gehalten werden.

Geeignete Beschäftigungen für diese Rasse sind lange Spaziergänge in nicht zu hohem Tempo mit ausgiebigen Gelegenheiten zum Schnüffeln, ebenso wie Fährtenarbeit in jeglicher Form, sei es als Suchenlassen verlorener Gegenstände oder als Teilnahme an entsprechenden (Jagd-) Hundekursen (wobei man sich im Klaren sein muss, dass ein einmal geweckter Jagdtrieb auch durchaus Unannehmlichkeiten mit sich bringen kann).

Monatliche Futterkosten: ca. 25 €
Lebenserwartung: 10-15 Jahre
Welpenpreis: 800-1000 €
Zuchtclubs im VDH:

Beagle.

Basset Hound Club (BHC): Förderung der jagdlichen Eigenschaften; überwiegend Zucht mit deutschen und europäischen Blutlinien.
Basset-Hound-Freunde (BHF): keine Förderung der jagdlichen Eigenschaften; überwiegender Zucht mit amerikanischer Blutlinien.

Beagle

FCI-Nr.: 161/6.1
Herkunftsland: Großbritannien
Größe: mindestens 33 cm, höchstens 40 cm
Gewicht: je nach Größe zwischen 10 und 18 kg

Ein Rassekenner schrieb einmal: „ Der Beagle hat die Dickköpfigkeit eines Teckels – ohne dessen Kauzigkeit". Und tatsächlich ist der Beagle ein Schlitzohr mit dem Gesicht eines Engels. Darum ist viel Konsequenz bei der Erziehung eines Beagles nötig. Er wird zwar nur in den wenigsten Fällen versuchen, seinen Willen durch „tumbe Gewalt" durchzusetzen. Dafür kann es aber sein, dass er seine Ohren einfach auf Durchzug stellt und nur noch das tut, was ihm Spaß macht: Fressen, wann immer und soviel es geht, und stromern, sooft sich eine Gelegenheit und eine Fährte bietet. Dies sind auch die Schwachstellen, die bei seiner Erziehung und Haltung erhöhte Aufmerksamkeit verlangen. Ein gut erzogener Beagle ist ein reizender Familienhund: verspielt bis ins hohe Alter und begeistert bei allen Aktivitäten dabei, freut sich aber durchaus auch mal über einen faulen Streichel-Tag auf der Couch.

Beagles sind ausgesprochene Meutehunde. Je mehr Mitglieder ihr Rudel hat, desto besser. Auch Besucher müssen sich in aller Regel vor einem Beagle nicht fürchten. Das gleiche gilt aber auch für Einbrecher und so liegen seine Wachhundequalitäten eher in seiner Bellfreudigkeit als in seiner Verteidigungsbereitschaft. Die große Freundlichkeit gegenüber Mensch und Tier ist nun mal ein hervorragendes Rassemerkmal des Beagles und als solches unbedingt erhaltenswert. Achten Sie bei der Züchterauswahl darauf, dass die Welpen ausreichend auf den Menschen geprägt wurden. Beagles können sich sehr auf andere Hunde fixieren. Es kann unter Umständen schwierig sein, einen älteren Beagle, der zu lange mehr Kontakt zu Hunden als zu Menschen hatte, entsprechend umzugewöhnen.

Als eigentlicher Jagdhund wird der Beagle auch heute noch vereinzelt jagdlich geführt. Sollten Sie entsprechende Ambitionen hegen, so überlegen Sie es sich gut! Einen Familienbeagle „nur so" entsprechend zu fördern, bedeutet unter Umständen, dass man den Hund nie wieder wird ohne Leine laufen lassen können!

Beagles sind gesundheitlich und auch psychisch robuste Hunde, die leider zu den häufigsten Versuchshunden gehören.

Monatliche Futterkosten: ca. 25 €
Lebenserwartung: ca. 11-14 Jahre
Welpenpreis: ca. 750-900 €
Zuchtclubs im VDH:
Beagle Club Deutschland

Bearded Collie, Beardie

FCI-Nr.: 271/1.1
Herkunftsland: Schottland
Größe: Rüde: 53 bis 56 cm;
Hündin: 51 bis 53 cm
Gewicht: Rüde: um 25 kg,
Hündin: um 20 kg

Der Bearded Collie trat in den achtziger-neunziger Jahren des vergangenen Jahrhunderts seinen Siegeszug als Familienhund in Deutschland an. Vom unbekannten, unermüdlichen Arbeitshund schottischer Schäfer avancierte er zum unkomplizierten und fröhlichen Familienhund. Filme wie „Boomer" trugen das ihre dazu bei, zottelige, mittelgroße Hunde auf der Beliebtheitsskala nach oben schnellen zu lassen. Die explosionsartig ansteigende

Bearded Collie.

Nachfrage hat aber bisher noch keiner Rasse gut getan und auch beim Beardie gab es bald Berichte über nervöse, ängstliche und extrem Geräusch empfindliche Hunde; sogar Angstbeißer traten auf.

Viele der oft unüberlegt angeschafften Hunde wurden wieder abgeschoben, nachdem man feststellte, dass diese Rasse sehr zeit- und arbeitsintensiv ist: Das prächtige Fell, übrigens ein relativ modernes Merkmal der Schönheitszuchten, erfordert sehr viel Pflege. Beardies sind kleine Dreckspatzen und lieben es, in Pfützen herum zu planschen. Außerdem bleiben auf den Spaziergängen bei Wind und Wetter Schlamm, Kletten und sonstige Bestandteile der heimischen Flora im Fell hängen und erfordern eine tägliche, nicht zu unterschätzende Fellpflege.

Zudem ist der Bewegungsbedarf der ehemaligen Hütehunde nicht gering. Und alleine mit der Bewegung ist es auch noch nicht getan: ein Beardie als blitzgescheiter Arbeitshund braucht eine Aufgabe und Beschäftigung, um geistig nicht zu verkümmern oder vor lauter Langeweile nicht auf dumme Gedanken zu kommen. Können Sie also reinen Gewissens von sich selbst behaupten, dass Sie Schmutz unempfindlich sind, möglichst keine Teppichböden und auch keine Fußbodenheizung haben, lange Spaziergänge auch bei Regen und Kälte lieben und zudem auch noch dem Gedanken an aktiven Hundesport etwas abgewinnen können, so ist der Beardie der Hund für Sie!

Glücklicherweise kann man sagen, dass der Run auf diese Rasse bereits etwas nachgelassen hat. Es bleibt zu hoffen, dass sich die eingefleischten Liebhaber wieder auf den robusten, kräftigen und ausgeglichenen Naturburschen besinnen, der der Beardie ursprünglich ist!

Es gibt einige Krankheiten, die beim Beardie häufiger als bei anderen Rassen auftreten. Hierzu gehören Schilddrüsenunterfunktion und Allergien, die sich in Haut- und Verdauungsproblemen äußern können.

Monatliche Futterkosten ca. 25 €
Lebenserwartung: 14 Jahre
Welpenpreis: 750 €
Zuchtclubs im VDH:
Club für Britische Hütehunde

Belgischer Schäferhund

(Groenendael, Tervueren, Malinois, Laekenois)

FCI-Nr.: 15/1.1
Herkunftsland: Belgien
Größe: Rüde: 60-66 cm,
Hündin: 56-62 cm
Gewicht: ohne Angabe
Den Belgischen Schäferhund gibt es in vier Varietäten: Groenendael (schwarz, langhaarig), Tervueren (rotbraun oder grau mit schwarzer Maske, langhaarig), Malinois (rotbraun mit schwarzer Maske, kurzhaarig) und Laekenois (rotbraun, rauhaarig). Insgesamt etwas feingliedriger und sensibler als der Deutsche Schäferhund, wurden sie ursprünglich für die selben Aufgaben gezüchtet. Heute werden sie wie ihr deutscher Vetter in sehr vielerlei Bereichen gehalten und eingesetzt. Vor al-

Groenendael und Tervueren.

lem die langhaarigen Belgier sind sportliche und liebevolle Familiehunde.

Der kurzhaarige Malinois wird seit einiger Zeit von öffentlichen Dienststellen und privaten Hundesportlern gleichermaßen zunehmend als Hochleistungs-Sporthund geschätzt. Aus diesem Grunde lässt er sich als reiner Familienhund nur mit Einschränkung empfehlen. Sehr sorgfältig sollte hier die Zuchtstätte ausgesucht werden, um nicht nachher mit einem überreaktiven Tier, dessen Leistungswillen und -bereitschaft man nicht genügen kann, überfordert zu sein.

Manche der heutigen Belgier sind sehr nervös. Es gibt auch Zuchtlinien, die epileptische Tiere hervorbringen. Ein gut sozialisierter und aufgezogener Belgier aus seriöser Zucht aber ist ein wundervoller Familienhund, der mit seinem Menschenrudel durch dick und dünn geht, sich mit etwas Fingerspitzengefühl sehr leicht erziehen lässt und zudem ein guter Wächter ist. Legendär ist seine Kinderliebe und Verspieltheit bis ins hohe Alter.

Belgische Schäferhunde eignen sich für fast jede Art von Hundesport: Von Agility über Unterordnungswettbewerbe bis hin zur Rettungshundeausbildungen können sie Spitzenleistungen bringen. Achten Sie auf HD-freie Elterntiere!

Monatliche Futterkosten: ca. 40 €
Lebenserwartung: ca. 12-15 Jahre
Welpenpreis: ab 800 €
Zuchtclubs im VDH:
Deutscher Club für Belgische Schäferhunde (DKBS)
Belgische Schäferhunde Berlin

Malinois.

Berner Sennenhund

FCI-Nr.: 45/2.3
Herkunftsland: Schweiz
Größe: Rüde: 64-70 cm,
Hündin: 58-66 cm
Gewicht: Rüde: bis 65 kg,
Hündin bis 50 kg

Als ehemaliger Hüte- und Treibhund ist der Berner Sennenhund auch heute noch ein eifriger und arbeitsfreudiger Familienhund, wenn auch ohne das überschäumend quecksilbrige Temperament seiner kleineren Verwandten Appenzeller und Entlebucher Sennenhund.

Insgesamt wirkt er wesentlich gemütlicher, einfach bäriger – nicht zuletzt durch seine größere Statur und

Berner Sennenhunde.

das längere Fell. Dies macht ihn auch hitzeempfindlicher als seine Vettern. Am wohlsten fühlt er sich bei gemäßigten bis kühlen Temperaturen. Auch zieht er den Aufenthalt im Freien einer überheizten Stube vor, am allerliebsten natürlich in Gesellschaft seiner Menschen! Dies alles darf aber nicht darüber hinweg täuschen, dass auch der Berner als ursprünglicher Arbeitshund erst dann wirklich aufblüht, wenn er eine Aufgabe und regelmäßige Beschäftigung bekommt.

Welche Beschäftigungen für ihn geeignet sind, hängt von seiner Konstitution ab: Es gibt leichte, wendige Berner, die sich gut für Agility oder auch eine Rettungshundeausbildung eignen, und einen schwereren, massigen Typ, der behäbiger ist und eher Wach- und Hofhundaufgaben übernehmen wird.

Von seiner Veranlagung her ein menschenfreundlicher Hund mit einer eher hohen Reizschwelle, muss man trotzdem beim Berner Wert auf eine frühe und gute Sozialisierung legen. Sonst kann es passieren, dass man einen ängstlichen Hund bekommt, der in Stresssituationen auch einmal zuschnappen kann.

Da die Beliebtheit der Rasse in den letzten Jahren kontinuierlich anstieg, traten auch vermehrt schlecht gezogene und ungenügend sozialisierte Hunde aus Hinterhofzuchten auf, die dem Ansehen der Rasse nicht immer zuträglich waren. Aggressive Berner-Rüden können mitunter zu Problemen Anlass geben. Die Zuchtvorschriften speziell des SSV sind, das Wesen und die Gesundheit betreffend sehr streng. Dennoch gibt es leider immer wieder Fälle von Nierenversagen, Leukose und auch Gelenkproblemen, die die durchschnittliche Lebenserwartung dieser Rasse senken.

Monatliche Futterkosten: ca. 55 €
Lebenserwartung: ca. 11 Jahre
Welpenpreis: 850 € im DCBS; keine einheitliche Preisvorgabe im SSV
Zuchtclubs im VDH:
Schweizer Sennenhund-Verein (SSV)
Deutscher Club für Berner Sennenhunde (DCBS)

Bernhardiner, St. Bernhardshund

FCI-Nr.: 61/2.2
Herkunftsland: Schweiz
Größe: Rüde: mindestens 70 cm, Hündin: mindestens 65 cm (meist erheblich größer; keine Grenze nach oben, solange harmonisches Gesamtbild nicht beeinträchtigt wird)
Gewicht: ohne Angabe
Der Bernhardiner ist wahrhaft ein XXL-Hund. Bei ihm muss alles ein bis drei Nummern größer sein als bei den meisten anderen Hunderassen! Angefangen von der Halsband- und Körbchen-, beziehungsweise Hundehütten-Garnitur, die man braucht, bis der Hund seine endgültige Größe erreicht hat, über die tägliche Futtermenge bis hin zum Platzbedarf zuhause und im Auto – beim Bernhardiner ist einfach alles riesig. Natürlich auch die Kothaufen und die Speichelfäden, ebenso wie sein Stimmvolumen. Dies sollten sich wirklich alle beteiligten Familienmitglieder deutlich vor Augen halten, bevor man sich begeistert einen der

Bernhardiner.

wirklich allerliebsten knuddeligen Welpen ins Haus holt!

Mit dem alten Hospizhund, der vor 200 Jahren noch in der Schweiz Bergführer begleitete und Vermisste suchte, hat der heutige Bernie nicht mehr allzu viel gemeinsam. Die früheren Hunde waren im Schnitt gut 25-30 kg leichter. Außerdem waren sie kurz-

stockhaarig, da sich im Langhaar schnell Eisklumpen festsetzen, die den Hund in seiner Bewegungsfreiheit eingeschränkt hätten.

Gerade die Langhaarhunde aber waren es, die dann den Siegeszug des Bernhardiners als attraktivem Renommierhund rund um die Welt antraten. In England schließlich wurde ihnen ihre heutige Größe und ihr Gewicht angezüchtet. Das berühmte Schnapsfässchen tragen Bernies heutzutage nur noch als modisches Accessoire. Von ihrer Veranlagung her eignen sich Bernhardiner zwar immer noch als Rettungs- und Lawinenhunde, ein Einsatz in Katastrophengebieten scheitert allerdings an ihrem Gewicht. Zu groß wäre die Gefahr, dass sie in Trümmerfeldern einbrächen und auch das flinke Absuchen enger Schlupfwinkel wäre rein anatomisch eher schwierig.

So ist der Bernhardiner heute vor allem ein Familienhund, der regelmäßige, nicht zu hektische Aktivitäten schätzt, aber auch ausgedehnte Lager- und Ruhepausen in seinem Heim liebt. Seine sprichwörtliche Kinderliebe entfaltet er, wenn er mit Kindern aufwächst. „Seine" Kinder beschützt er dann auch so zuverlässig, dass man bisweilen Fremde vor ihm beschützen muss! Ein aggressiver Bernhardiner ist lebensgefährlich. Deshalb kann der Wert einer soliden Sozialisierung und einer konsequenten Erziehung nicht hoch genug eingeschätzt werden.

Dass man für die Haltung dieser Hunde ein gewisses Maß an Körperkraft mitbringen muss, ist selbstverständlich. Auch ist eine reine Wohnungshaltung aus Gründen seines Platzbedarfes und einer gewissen Hitzeempfindlichkeit abzulehnen!

Leider sind Bernhardiner nicht sehr langlebig. Neben Gelenkproblemen, die eine sehr anspruchsvolle Aufzucht erfordern, sind auch Herz-Kreislaufprobleme sehr verbreitet.

Monatliche Futterkosten: 100-125 €
Lebenserwartung: ca. 8 Jahre
Welpenpreis: 750-900 €
Zuchtclubs im VDH:
St. Bernhards-Klub
Bernhardiner Club Deutschland

Bichons (Malteser, Havaneser, Bologneser, Bichon á poil frisé)

FCI-Nr.: Malteser 65/9.1, Havaneser 250/9.1, Bologneser 196/9.1, Bichon à poil frisé 215/9.1
Herkunftsland: diverse Mittelmeeranrainerstaaten, Kuba
Größe: Bichon frisé und Bologneser: höchstens 30 cm; Havaneser: höchstens 29 cm; Malteser: höchstens 25 cm
Gewicht: Bologneser und Malteser: höchstens 4 kg; Havaneser: höchstens 6 kg

Am bekanntesten unter den Bichons ist hierzulande der Malteser, doch auch die anderen drei Bichonrassen finden immer mehr Liebhaber. In Amerika ist der Bichon à poil frisé eine weit verbreitete Rasse. Man sieht ihn oft – für unseren Geschmack – recht kurios zurecht gemacht.

Bis auf den Havaneser, der in vielen verschiedenen Farben vorkommt, sind

Malteser.

Bologneser.

Bichon frisé.

die Bichons rein weiß. Der Malteser und der Havaneser haben langes, glattes Deckhaar, Bichon frisé und Bologneser hingegen duftige Locken. Um sie sauber und gepflegt zu halten, ist eine regelmäßige und gründliche Fellpflege nötig. Wer davor zurückschreckt, sollte sich eher für eine kurzhaarige Rasse entscheiden. Ein Bichon verfilzt nämlich sehr schnell und beginnt dann auch zu stinken, wenn die

Havaneser.

Anal- und Genitalregion nicht peinlich sauber gehalten wird. Und so ein kleines Tierchen mit empfindlicher Haut und kaum vorhandener Unterwolle in unseren Breitengraden scheren zu lassen, kann unter Umständen zu gesundheitlichen Problemen führen. Die leichteren Schläge dieser Hunde sind also definitiv nichts für ein uriges Leben auf dem Bauernhof. Sie eignen sich eher für ein behütetes Leben in einer Wohnung.

Behüten darf man im Gegenzug natürlich auch nicht mit Verzärteln verwechseln. Auch die Bichons brauchen regelmäßig Bewegung, nicht nur bei Sonnenschein. Und eine konsequente Grunderziehung schadet auch dem kleinsten Hund nicht! Sie fühlen sich aber durchaus mit ein paar kleineren Runden am Tag wohl. Wichtig ist ihnen vor allem, in der Nähe Ihrer Bezugsperson zu sein und viel Aufmerksamkeit und Zuwendung zu bekommen!

Wer kleine Kinder hat oder ein eher sportlicher Typ ist, sollte sich eher für einen kräftigen Havaneser als einen drei-Kilogramm-Malteser entscheiden! Es gibt bei allen Bichon-Rassen sehr unterschiedliche Zuchtlinien. Die Größe und das Gewicht der ausgewachsenen Tiere kann – je nach Einstellung des Züchters – ganz erheblich variieren. Sie sollten im Zweifelsfall mehrere Züchter besuchen, um den Hund zu finden, der am besten zu Ihnen passt.

Sollte Ihnen ein Züchter, der Wert auf besonders filigrane Tiere legt, keinen Welpen anvertrauen wollen, so wird er seine Gründe dafür haben! Fragen Sie ihn ruhig danach. Im Zweifelsfall verzichten Sie lieber ganz auf einen Hund dieser Rasse!

Gesundheitlich neigen manche Bichons zu Bandscheibenproblemen. Viele sind sehr wählerische Fresser, die leicht mit Durchfall reagieren und ab und zu treten Probleme mit verstopften Tränen-Nasen-Kanälen auf, die dann zu hässlichen braunen Spuren unter den Augen führen. Besondere Pflege brauchen auch die Zähne. Besonders die sehr kleinen und leichten Exemplare neigen zu Zahnstein und vorzeitigem Zahnverlust.

Monatliche Futterkosten: ca. 20 €
Lebenserwartung: ca. 15 Jahre
Welpenpreis: 750-1000 €
Zuchtclubs im VDH:
Verband Deutscher Kleinhundezüchter
Malteser Club Deutschland 1983
Deutscher Malteser Club

Bobtail, Old English Sheepdog

FCI-Nr.: 16/1.1
Herkunftsland: Großbritannien
Größe: Rüde: mindestens 61 cm,
Hündin: mindestens 56 cm
Gewicht: ohne Angabe

Der Bobtail ist der Prototyp des Wuschelhundes – viele Menschen betrachten ihn als den Traumhund schlechthin. Ursprünglich ein zäher und fleißiger Arbeitshund, avancierte er in den vergangenen beiden Jahrzehnten zum beliebten Familien- und Ausstellungshund. Sein Äußeres mit der verschwenderischen Fellfülle und der aparten blau-weißen Zeichnung sowie sein Ruf als gut gelaunter Kinderhund ließ seine Fangemeinde schnell wachsen.

Was allerdings oft heruntergespielt wird, ist die aufwendige und zeitintensive Fellpflege. Im Zuge seiner Ausstellungskarriere achteten viele Züchter vermehrt auf besonders üppiges Fell und so mutet mancher Bobtail im Ausstellungsring heute recht grotesk an. Tatsächlich ist es nicht jedermanns Sache, nach jedem Spaziergang Pflanzenteile und Kotreste aus dem Fell des Bobtails zu entfernen und auch die regelmäßige Bartreinigung nach dem Fressen wird penible Gemüter eher abschrecken.

Bitten Sie am besten vor dem Kauf einen Bobtailzüchter, Ihnen die tägliche und wöchentliche Pflegeprozedur genau zu zeigen und überlegen Sie sich dann, ob Sie bereit sind, dies auch zuhause bereits mit dem Junghund zu üben und ein Hundeleben lang zu praktizieren. Wenn nicht – lassen Sie

Bobtail.

lieber die Finger von einem Bobtail!

Bobtails sind sportliche Hunde, die für jeden Schabernack zu haben sind. Eine harte Hand vertragen sie allerdings nicht. Dies bedeutet nicht, dass sie Seelchen sind, denn vor allem die Rüden können mitunter recht dominant werden. Nur eignen sie sich nicht, wie so manch vierschrötiger Gebrauchshund, für eine Abrichtung im herkömmlichen Sinn.

Gesundheitlich sind sie eher empfindlich. Neben Schilddrüsen- und Verdauungsproblemen treten häufig Hautkrankheiten auf. Vereinzelt gibt es taube Bobtails. Achten Sie beim Kauf darauf, dass der Welpe auch auf Geräusche reagiert! Viele Bobtails – aber nicht alle – kommen mit einem angeborenen Stummelschwanz auf die Welt. Seit dem Kupierverbot 1998 kann man also in Deutschland zwischen Hunden mit kurzer und langer Rute wählen, wobei dem langrutigen Hund der Vorzug gegeben werden sollte.

Monatliche Futterkosten: ca. 50 €
Lebenserwartung: ca. 11 Jahre
Welpenpreis: 650-1250 €

Zuchtclubs im VDH:
Club für Britische Hütehunde
Deutscher Old English Sheepdog Club (DOESC)

Border Collie

FCI-Nr.: 297/1.1
Herkunftsland: Großbritannien
Größe: Rüde: 53 cm, Hündin etwas weniger
Gewicht: ohne Angabe

So manch typischer Border Collie hat seinen Besitzer schon zur Verzweiflung getrieben. Inspiriert durch den treuen „Timmy" aus der Serie „Fünf Freunde", schafften viele gut meinende Eltern einen Border als Spielkameraden für ihre Kinder an. Als reines Familienmitglied allerdings sind Border Collies schlicht unterfordert.

Der in hohem Maße lernfähige und unermüdliche Arbeitshund, der zu den besten Hütehundrassen der Welt zählt, braucht unbedingt eine Aufgabe, die er am besten zusammen mit seinem Herrn, meistern kann. Das kann Agility sein, Obedience oder auch Flyball, eine Ausbildung als Rettungshund, als Fährtenhund, das Hüten einer Gänseschar, und und und... der Phantasie seines Besitzers sind hier kaum Grenzen gesetzt und – es ist kaum möglich, einen Border müde zu bekommen! Ein fauler Border Collie hat absoluten Seltenheitswert.

Einzig als Reitbegleithunde sind sie weniger geeignet als oft angepriesen, denn nicht wenige Borders versuchen, das Pferd zu treiben und riskieren so, ernsthaft verletzt zu werden. Im Zweifelsfall sollten Sie auf einen Border aus einer Arbeitslinie verzichten. Legen Sie unbedingt Wert auf ein ausführliches Gespräch mit dem Züchter über die Anforderungen seiner Rasse!

Ansonsten ist der Border ein eher pflegeleichter Hund: von angenehmer Mittelgröße, ohne körperliche Übertreibungen, entweder mit schlichtem Lang- oder kurzem Stockhaar. Es gibt ihn in mehreren Farbschlägen. Am häufigsten sind die schwarz-weiß gescheckten.

Leider, muss man fast sagen, ist dieser Hund so hübsch, kaum ein Außenstehender vermutet hinter der niedlichen Verpackung ein so unermüdliches Powertier; deshalb wird er oft unter falschen Vorstellungen angeschafft.

Selbst gemütliche Sonntagsspaziergänge mit der ganzen Familie arten für ihn in Arbeit aus. Stets versucht er, Trödler anzutreiben und schreckt dabei selbst vor Kniffen in die Ferse nicht zurück! Typisch sind dabei seine geduckte Körperhaltung und sein fixierender Blick – eine angeborene, keine erlernte Verhaltensweise.

Ball- , Stöckchen- und Frisbeespiele sind nach seiner Lieblingsbeschäftigung, dem Hüten für ihn das Höchste. Hier sollte der Besitzer von Anfang an Maß halten, um sich nicht einen regelrecht spielsüchtigen Hund heran zu ziehen.

Gesundheitlich ist der Border Collie recht robust. Vereinzelt treten erbliche Augenerkrankungen auf. Manche Border Collies sind sehr Lärm empfindlich: lautes Geschrei, Gewitter und

Foto Seite 90/91: Border Collie.

auch Sylvesterknallerei kann sie in Panik versetzen.

Monatliche Futterkosten: ca. 35 €
Lebenserwartung: 12-15 Jahre
Welpenpreis: 650-900 €
Zuchtclubs im VDH:
Deutscher Club für Britische Hütehunde

Border Terrier

FCI-Nr.: 10/3.1
Herkunftsland: Großbritannien
Größe: ohne Angabe
Gewicht: Rüde: 5,9-7,1 kg,
Hündin: 5,1-6,4 kg

Der Border Terrier hat in den letzten Jahren ziemlich an Beliebtheit zugenommen. Er gilt als unverzüchteter Naturbursche in handlichem Format. Sein Äußeres – frei von allen Extremen – lässt vermuten, dass dieser Hund in Haltung und Pflege rundum unkompliziert ist.

Dennoch gibt es einige Dinge, die man vor der Anschaffung eines Border Terriers bedenken sollte. Er ist durch und durch ein Terrier und kann naturgemäß ein ganz beachtliches Temperament an den Tag legen. Außerdem neigt er wegen seines meist ausgeprägten Jagdtriebes zum Streunen und Wildern. Deshalb ist eine sorgfältige Erziehung zum Grundgehorsam sehr wichtig.

Border Terrier.

Ein Stubenhocker sollte man nicht sein, ein extrem aufgedrehtes Wesen auf der anderen Seite puscht den Border auch wieder zu sehr. Ein ausgeglichener und ausgleichender Charakter, Naturliebe und die Bereitschaft, einen Hund ausreichend zu beschäftigen und zu bewegen, sind ideale Voraussetzungen für die Haltung eines Border Terriers. Nicht stundenlanges Werfen eines Tennisballes, sondern eine sinnvolle Beschäftigung, die die Intelligenz des Tieres fordert, lassen das Zusammenleben für Hund und Mensch erfreulich werden.

Auch wenn der Border Terrier so scheinen mag, eignet er sich nicht uneingeschränkt als Begleiter älterer Menschen und Hundeneulinge. Sein ungestümes Temperament nicht nur in jüngeren Jahren, haben schon so manchen Border Terrier zum Wanderhund werden lassen, von Hand zu Hand weitergereicht. Dies ist sehr schade und ließe sich im Vorfeld vermeiden, indem man sich vor der Anschaffung sorgfältig informiert und auch einige Border in ihrem familiären Umfeld besucht.

In letzter Zeit häufen sich die Berichte über angeborene Lebererkrankungen, die zu Epilepsie ähnlichen Anfällen führen. Ansonsten sind Border Terrier robuste Hunde, die der Tierarzt nur selten zu Gesicht bekommt.

Boxer.

Monatliche Futterkosten: ca. 20 €
Lebenserwartung: ca. 14 Jahre
Welpenpreis: ca. 750-900 €
Zuchtclubs im VDH: Klub für Terrier

Boxer

FCI-Nr.: 144/2.2
Herkunftsland: Deutschland
Größe: Rüde: 57-63 cm,
Hündin: 53-59 cm
Gewicht: ohne Angabe

Der Boxer ist und war nie ein Modehund sondern hat seine Fans, die ihm eisern die Treue halten. Es gibt sehr selten einmal Boxer mit unangenehmen Charakter, meist sind sie begeisterte Menschenliebhaber. Meist sprühen sie nur so vor Lebensfreude, ängstliche Boxer gibt es kaum einmal.

Verglichen mit den Tieren aus den Anfängen der Zuchtgeschichte sind die heutigen Boxer etwas feinnerviger und auch im äußeren Erscheinungsbild stromlinienförmiger. Ein Problem, vor dem man vor allem bei Rüden häufiger steht, ist ihre Rauflust. Ein in dieser Hinsicht unerzogener Boxer geht keinem Streit aus dem Weg und dies kann einen Spaziergang in hundereicher Gegend schon einmal zum Spießrutenlauf werden lassen. Auch aus diesem Grund ist es sehr wichtig, mit dem Boxer einen soliden Unterordnungskurs zu besuchen und ihn möglichst viele positive Erlebnisse mit anderen Hunden während seiner Welpen- und Junghundzeit sammeln zu lassen. Ein Boxer kann eine enorme Kraft entwi-

Briard.

ckeln, deshalb ist es immer besser, ihn nicht nur physisch sondern auch psychisch unter Kontrolle zu haben!

Boxer haben ein feines, dünnes Fell: Sie sind recht temperaturempfindlich und sollten nicht ausschließlich im Freien gehalten werden. Leider gibt es einige Malaisen, an denen Boxer häufiger erkranken als andere Rassen: Hierzu gehören bestimmte Herz-Kreislauferkrankungen, Wirbelsäulenversteifung und auch Tumore.

Monatliche Futterkosten: 50-75 €
Lebenserwartung: 8-10 Jahre
Welpenpreis: ca. 850 €
Zuchtclubs im VDH:
Boxer-Klub
Internationaler Boxer-Club

Briard, Berger de Brie

FCI-Nr.: 113/1.1
Herkunftsland: Frankreich
Größe: Rüde: 62-68 cm,
Hündin: 56-64 cm
Gewicht: ohne Angabe

Der Briard gewann in den letzten zehn Jahren ziemlich an Bekanntheit, wie so manch anderer zotthaariger Hütehund. Nicht immer ist dies von Vorteil für eine Hunderasse, noch dazu für eine, die zu den eher anspruchsvollen Arbeitshunden zählt.

Zwar ist der Briard kein überdrehter Hund, kann aber bei psychischer und physischer Unterforderung durchaus unangenehme Ausweichbeschäftigungen entdecken. Das robuste Aussehen des Briard kann täuschen, findet man doch recht häufig sehr sensible Exemplare, vor allem unter den Hündinnen. Auf Gewalt entwickeln diese Tiere oft nur entweder ein verstörtes oder ein störrisches Wesen. Es erfordert eine feine Hand und Einfühlungsvermögen, um diesen klugen Hund davon zu überzeugen, unseren Befehlen zu folgen!

Grunderziehung ist natürlich bei einem Hund dieser Größe und Kraft sehr wichtig. Sie sollte möglichst unter Anleitung eines Trainers erfolgen, der Erfahrung mit der Rasse hat. Der Briard begeistert sich für jede sportliche Betätigung. Viele Hunde werden sehr erfolgreich in Agility geführt. Für aktive, Natur liebende Menschen ist der Briard ein unermüdlicher und treuer Begleiter, der zudem einen natürlichen Wach- und Schutztrieb hat. Fremden gegenüber ist er eher zurückhaltend.

Das Fell darf zwar zottelig und muss nicht geschniegelt aussehen. Dennoch erfordert die Fellpflege viel Zeit und eine rechtzeitige Gewöhnung des Junghundes an das Pflegeritual. Nach jedem Spaziergang gehört es dazu, das Fell auf hängen gebliebene Ästchen, Kletten und sonstige Fremdkörper zu untersuchen. Wie ein Briard nach einem Spaziergang bei Matsch- und Regenwetter aussieht, mag sich jeder selber ausmalen!

Auch nach der Fütterung ist es meist nötig, den üppigen Bart zu säubern. Gegebenenfalls sollten Sie auch die Haare über den Augen etwas stutzen, um dem Hund einen freien Blick zu ermöglichen.

Manche Briards sind sehr geräuschempfindlich. Für solche Hunde bedeuten Gewitter, Feuerwerke et cetera echten Nervenstress.

In manchen Linien treten Nierenerkrankungen auf. Wie bei den meisten größeren Rassen kann es auch beim Briard im fortgeschrittenen Alter mitunter zu Gelenkproblemen kommen.

Monatliche Futterkosten: ca. 60 €
Lebenserwartung: ca. 12 Jahre
Welpenpreis: ca. 900 €
Zuchtclubs im VDH:
Club für Französische Hirtenhunde
Briard Club Deutschland

Cairn Terrier

FCI-Nr.: 4/3.2
Herkunftsland: Großbritannien
Größe: 28-31 cm
Gewicht: ca. 7,5 kg
Aus dem Trio der Terrier Schottlands ist der Cairn Terrier der ursprünglichste. Er sieht weniger frisiert aus als seine Vettern Scotch und West Highland White Terrier und hat auch nie deren Popularitätsgrade erreicht. Zu seinem

Cairn Terrier.

Glück, möchte man fast sagen, auch wenn der Cairn gerade in den letzten Jahren in Deutschland immer bekannter und beliebter geworden ist.

Er ist kein Hund, mit dem man auffällt – und gerade das macht ihn eigentlich so sympathisch. Auch sein Wesen entspricht eher dem gesunden Mittelmaß: Er hat zwar eine gehörige Portion Terrier-Temperament und Schneid, doch fehlt ihm das oft übertriebene, fast hysterische Wesen manch anderer Terrier.

Ein Cairn fügt sich meist sehr gut in die gegebenen Umstände ein. Er kann sich einem eher ruhigen, gesetzten Familienleben anpassen, kann aber auch gehörig aufdrehen, wenn man ihn entsprechend motiviert. Natürlich sollte auch ein solch kleiner Hund gut erzogen werden, zumal der Cairn als ehemaliger Jagdhund sich eine entsprechende Gelegenheit während eines Spazierganges nicht gerne durch die Lappen gehen lässt. Außerdem kann ein antiautoritär gehaltener Cairn durchaus versuchen, sich in der Rangordnung nach oben zu hangeln. Das trägt bei einem so kleinen Kerlchen nicht unbedingt nur zur Belustigung der betroffenen Familienmitglieder bei. Meist aber liebt der Cairn sein Rudel heiß und innig. Er ist der kernige Männerhund, der zärtliche Frauenhund und der verspielte Kinderhund in einem.

Das Fell ist insgesamt nicht sehr pflegeintensiv, sofern man ihn drei- bis viermal jährlich von einem Fachmann oder dem Züchter trimmen lässt oder dies nach entsprechender Anleitung selber tut. Keinesfalls sollte man ihn aus Unkenntnis oder Bequemlichkeit im nächstbesten Hundesalon einfach scheren lassen, Hautprobleme könnten die Folge sein. Cairns sind zwar nicht ganz so hautempfindlich wie ihre nahen Verwandten, die Westies. Dennoch werden sie immer wieder in der Tierarztpraxis mit Juckreiz und Futterunverträglichkeiten vorgestellt. Außerdem sollten Sie peinlich darauf achten, dass Ihr Cairn nicht zu dick wird. Schnell nehmen diese guten Futterverwerter zu und meist sind gesundheitliche Probleme die Folge. Knappe, qualitativ hochwertige Kost und regelmäßige, ausgiebige Bewegung sind für einen gesunden und munteren Cairn unerlässlich.

Monatliche Futterkosten: ca. 30 €
Fellpflegekosten: ca. 80 €/Jahr
Lebenserwartung: ca. 15 Jahre
Welpenpreis: 600-1000 €
Zuchtclubs im VDH: Klub für Terrier

Cavalier King Charles Spaniel

FCI-Nr.: 136/9.8
Herkunftsland: Großbritannien
Größe: ohne Angabe
Gewicht: 5,8-ca. 8 kg
Der Cavalier King Charles Spaniel macht seinem Namen alle Ehre: Immer freundlich und sanft, in aller Regel ohne jede Streitlust. Dieser Hund lässt sich mit vergleichsweise geringem Aufwand erziehen, da er sehr empfänglich für Lob und sehr empfindlich für Stimmungsschwankungen ist.

Nicht umsonst werden diese Kleinhunde immer häufiger als Therapiehunde und als Behindertenbegleithun-

Cavalier King Charles Spaniel.

de eingesetzt, denn sie hängen ihrem Besitzer förmlich an den Lippen. Der fröhliche und zärtliche Cavalier eignet sich auch sehr gut als Begleiter älterer Menschen, denn sein Bewegungshunger hält sich in Grenzen und im Notfall lässt er sich auch gut einmal tragen.

Seit vielen Generationen ausschließlich als Begleithund gehalten, ist sein Jagdtrieb weniger stark ausgeprägt als der der meisten anderen Spanielrassen. Er lässt sich aber auch je nach sportlicher Motivation seines Besitzers für vielfältige Aktivitäten begeistern. Seine überschwängliche Freundlichkeit sollte man zu schätzen wissen: Für Grobheiten und unwirsche Behandlung ist dieser nette kleine Kerl wirklich zu schade. Und die stete Aufmerksamkeit, die er fordert, sollte man ihm gerne widmen.

Ein Wermutstropfen ist die relativ hohe Krankheitsanfälligkeit des Cavaliers: Ein sehr hoher Prozentsatz leidet an Herzklappeninsuffizienz. Ab und zu treten Störungen des Nervensystems auf und auch Bandscheibenvorfälle sind mitunter zu beklagen.

Monatliche Futterkosten: ca. 25 €
Lebenserwartung: ca. 11 Jahre
Welpenpreis: 850-1000 €
Zuchtclubs im VDH:
- Internationaler Klub für Cavalier King Charles Spaniel
- Cavalier-King-Charles-Spaniel Club Deutschland
- Verband Deutscher Kleinhundezüchter (VK)

Chihuahua

FCI-Nr.: 218/9.6
Herkunftsland: Mexiko
Größe: ohne Angabe
Gewicht: bis 2,5 kg

Oft wird er als halbe Portion belächelt. Lernt man aber einen Chihuahua kennen, ist man oft erstaunt, wie viel Temperament und Schneid in einem so kleinen Hund stecken können. Ein schüchterner, ängstlicher Chi ist eher selten, wobei man sagt, dass die Kurzhaar-Chis schneidiger und draufgängerischer als die etwas sanftmütigere Langhaar-Variante sein sollen.

Seinen Besitzer liebt der Chihuahua über alles und verteidigt ihn und dessen Hab und Gut mit aller Macht seiner zweieinhalb Kilo Lebendgewicht. Fremden tritt er oft zurückhaltend bis misstrauisch gegenüber. Ohne ausdrückliche Genehmigung seines Besitzers sollte man keinen fremden Chihuahua einfach so anfassen. Auch wenn er niemanden ernsthaft verletzen kann, muss man ihn doch soweit erziehen und kontrollieren, dass er weder durch pausenloses Gekläffe noch zu selbstständiges Umherstromern seine Mitmenschen belästigt oder gar selbst gefährdet wird.

Chihuahua, kurzhaarig.

Chihuahuas sind recht intelligent und lerneifrig. Bei entsprechender Einstellung auf seine Körpermaße kann man sogar Hundesport wie Agility und Obedience mit ihm betreiben!

Natürlich muss man auf den Zwerg besser aufpassen als auf größere Rassen. Er selber weiß nämlich nicht, dass er verletzlicher ist als die Großen. Aus diesem Grund ist der Chihuahua auch nur eingeschränkt für Familien mit Kleinkindern zu empfehlen. Ebenso ist er auf einem Bauernhof mit Großtieren eher fehl am Platz. Selbst wenn er bei entsprechendem Training bis zu zwölf Kilometer marschieren kann, ist er nicht gerade die rechte Begleitung für Hochgebirgstouren, selbst wenn man ihn gut in einen Rucksack packen kann!

So mancher Chihuahua erlitt schon einen tragischen Unfalltod, weil seine Besitzer zu sorglos waren, denn seine

Beinchen und auch seine Schädelknochen sind sehr empfindlich und brechen leicht. Er eignet sich sehr gut für ältere Menschen, die sich gerne und mit viel Zeit und Zuwendung um ihn kümmern. Nicht, dass er unbedingt in Watte gepackt werden müsste, aber man sollte doch immer wieder an seine Größe denken – er selbst tut es ja nicht!

Chihuahuas lassen sich sehr gut zu zweit oder im Rudel halten, wobei sich natürlich das Gebell mehrerer Hunde schlechter kontrollieren lässt – denken Sie daran, wenn Sie in einer Mietwohnung leben.

Züchter, die besonders stolz auf extrem kleine Hunde sind und die Hündinnen unter zwei Kilogramm Körpergewicht zur Zucht einsetzen, sollte man meiden. Vor allem die Zuchtbestimmungen des VK sind sehr streng, so dass in den letzten Jahren Geburtsschwierigkeiten, die früher beim Chi relativ häufig waren, zurückgegangen sind. Auch die offene Fontanelle wird heute nicht mehr als Rassemerkmal gefordert. Wie bei allen Zwergrassen kann es beim Chihuahua schon sehr früh zu Zahnausfall kommen. Trachealkollaps und Vorfall des Augapfels sowie Hornhautverletzungen können nach Aufregung oder Kollisionen mit anderen Tieren auftreten.

Monatliche Futterkosten: ca. 20 €
Lebenserwartung: ca. 15 Jahre
Welpenpreis: 600-750 €
Zuchtclubs im VDH:
- Verband Deutscher Kleinhundezüchter (VK)
- Chihuahua-Klub Deutschland
- Chihuahua-Club

Chow Chow

FCI-Nr.: 205/5.5
Herkunftsland: China
Größe: Rüde: 48-56 cm,
Hündin: 46-51
Gewicht: ohne Angabe

Am Chow Chow scheiden sich die Geister: Für die einen ist er ein ursprünglicher sehr individualistischer Hund, für die anderen schlichtweg eine Qualzucht. Tatsache ist, dass der Chow Chow innerhalb weniger Jahrzehnte züchterisch stark verändert wurde. Betrachtet man alte Abbildungen – noch aus den 30er Jahren des 20. Jahrhunderts – so kann man feststellen, dass die Rasse heute wesentlich massiger wirkt, mit faltigeren Köpfen, steilerer Hinterhand und viel üppigerer Behaarung versehen ist. Tatsächlich meint man oft, die jüngere Rasse Eurasier ähnelt einem altmodischen Chow mehr als der moderne Chow!

Wie dem auch sei, die genannten Veränderungen brachten der Rasse nicht nur Gutes. Viele der extrem übertypisierten Chows haben Augen- und Hautprobleme. Knieverletzungen sind ebenfalls recht häufig, und auch HD tritt nicht selten auf. Die oft beschriebene Bewegungsunlust des Chows ist sicher nur teilweise seiner Wesensart zuzuschreiben. Manchem Chow ist es rein anatomisch gar nicht möglich, ausgedehnte Wanderungen oder Fahrradtouren zu begleiten!

Nachdem in der jüngeren Vergangenheit immer mehr Besitzer und auch Züchter erkannt haben, dass der Verzicht auf übertriebene Merkmale die Lebensqualität der Hunde und da-

Chow Chow.

mit auch der Halter entscheidend verbessert, sieht man heute wieder mehr moderate Chows. Wichtig ist tatsächlich, bei der Wahl des Züchters sehr sorgfältig vorzugehen. Sehen Sie sich ruhig mehrere Zwinger an, lassen Sie sich möglichst Eltern und weitere Verwandte der Welpen zeigen, sprechen Sie ausführlich mit dem Züchter über seine Zuchtziele!

Der Chow Chow wird als der typische Einmannhund beschrieben: Oft wird kolportiert, ein Chow binde sich nur an einen einzigen Menschen. Wenn dieser stirbt oder den Hund weg gibt, würde dieser sich nie wieder neu binden. Dies stimmt so nicht. Auch ein älterer Chow ist in der Lage, Vertrauen zu einem neuen Menschen aufzubauen. Es gibt natürlich auch Notvermittlungsstellen der Chow-Chow-Clubs. Tatsächlich ist der Chow allen Fremden gegenüber eher gleichgültig bis ablehnend. Seinen Herrn und auch dessen Familie liebt er sehr, trotzdem wird er aber auch diesen gegenüber nie hundertprozentigen und prompten Gehorsam leisten. Dies bedeutet natürlich nicht, dass Sie als Chow-Besitzer automatisch von der Pflicht entbunden sind, Ihren Hund zu erziehen! Auch er sollte die gängigen Grundbefehle kennen und wissen, dass in einer Gemeinschaft gewisse Regeln gelten.

Die Haarpflege muss mit ihm von klein auf geübt werden. Widerstand sollten Sie von Anfang an liebevolle Konsequenz und Überzeugungskunst entgegensetzen! Ein Chow Chow, der sich nicht bürsten lässt, wird früher oder später ein Kandidat für den Tierarzt oder gar fürs Tierheim.

Monatliche Futterkosten: 30-40 €
Lebenserwartung: ca. 10 Jahre
Welpenpreis: 800-1000 €
Zuchtclubs im VDH:
Allgemeiner Chow Chow Club
Chow Chow Club in Deutschland (CCID)

Cocker Spaniel

FCI-Nr.: 5/8.2
Herkunftsland: Großbritannien
Größe: Rüde: 39-41 cm,
Hündin 38-39 cm
Gewicht: 12,5-14,5 kg
Der Cocker Spaniel gilt als eine der beliebtesten Hunderassen der Welt. Dies verdankt er seinem hübschen Aussehen bei handlicher Größe und seinem freundlichen, unkomplizierten Wesen. In den siebziger Jahren des vergangenen Jahrhunderts trat der Cocker einen wahren Siegeszug als Familienhund an, nicht nur zu seinem Vorteil. Viele unseriöse Züchter hofften auf eine schnelle Mark. Dies wirkte sich auch auf den Charakter der

Cocker Spaniels.

Hunde aus. Es traten immer mehr aggressive Cocker Spaniels auf – ein für die Spanielrassen ganz untypischer Wesenszug.
Heute zählt der Cocker nicht mehr zu den Moderassen. Doch der Unterschied zu den Hunden aus den Anfängen der Reinzucht ist nicht zu übersehen: Insgesamt wirkt der moderne Typ feingliedriger, der Kopf schmaler und die Behaarung üppiger und auch das Temperament ist insgesamt quecksilbriger. Dies gilt es zu bedenken, wenn man sich einen Cocker ins Haus holen möchte: Ein Hund für Stubenhocker und gemütliche Menschen ist er nicht, auch wenn er sich oft erstaunlich gut anzupassen weiß.

Als ehemaliger Jagdhund, heute werden in Deutschland allerdings nur noch circa zehn Prozent aus jagdlich geprüften Elterntieren gezüchtet, kann auch ein Familiencocker über einen deutlich vorhandenen Jagdtrieb verfügen. Sollten Sie hingegen vorhaben, mit Ihrem Hund zusammen einen speziellen Ausbildungskurs für Jagdhunde zu besuchen, so sollten Sie natürlich einen Hund aus jagdlicher Zucht wählen! Viele Cocker haben sich übrigens auch schon beim Agility, als Rettungshunde und sogar als Drogen- und Sprengstoffspürhunde bei Zoll und Polizei bewährt. Der Cocker ist handlicher als ein Schäferhund und fällt als verdeckter Ermittler auch nicht gleich als Polizeihund auf!

Auch wenn das Fell eines Cockers seidig-glatt aussieht, pflegeleicht ist es nicht! Drei- bis viermal jährlich sollte man den Hund zum Trimmen bringen oder es selber tun, nachdem man es sich vom Züchter oder einem Profi aus dem Hundesalon hat zeigen lassen. Das Zubehör ist allerdings nicht ganz billig. Schnell verfilzt das lange Haar an den Ohren, den Pfoten und der Unterseite des Hundes. Im Herbst können Grasspelzen in die äußeren Gehörgänge und den Zwischenzehenbereich eindringen und schmerzhafte Entzündungen hervorrufen. Nach jedem Spaziergang ist es also unbedingt nötig, Pfoten und Ohren auf Fremdkörper zu untersuchen.

Cocker Spaniels sind oft sehr gute Futterverwerter. Achten Sie also peinlich genau auf seine Figur, um späteren gesundheitlichen Problemen vorzubeugen! Wer vor sehr viel quirligem Temperament und vor relativ aufwendiger Körperpflege nicht zurückschreckt, für den ist der Cocker ein feiner Hund.

Futterkosten: ca. 40 €
Fellpflegekosten: ca. 60 €/Jahr
Lebenserwartung: ca. 13 Jahre
Welpenpreis: ca. 600-750 €
Zuchtclubs im VDH:
Jagdspaniel-Klub (v. a. Züchter ohne jagdliche Ambitionen)

Collie, Schottischer Schäferhund.

Spaniel-Club Deutschland (keine jagdlichen Prüfungen vorgesehen)
Cocker Club Deutschland (keine jagdlichen Prüfungen vorgesehen)
Verein Jagdgebrauchsspaniel (nur jagdlich orientierte Züchter)

Collie, Schottischer Schäferhund

FCI-Nr.: Langhaar: 156/1.1
Kurzhaar: 296/1.1
Herkunftsland: Großbritannien
Größe: Rüde: 56-61 cm
Hündin: 51-56 cm
Gewicht: ohne Angabe

Der Collie ist für viele Menschen die schönste Hunderasse überhaupt. Und in der Tat: Ein Collie in seinem wunderschön gefärbten Pelz, mit elegantem Kopf und stolzer Haltung, bietet einen bestechenden Anblick.

Hinzu kommt sein außerordentlich positives Image als geradezu übermenschlich intelligenter und aufopferungsbereiter Menschenfreund, das seinen Ursprung sicherlich in den vielen Lassie-Filmen hat. Auch wenn es tatsächlich viele Collies gab und gibt, die als Menschenretter mit Medaillen ausgezeichnet wurden, so lastete doch ein enormer Erfolgsdruck auf dieser Rasse. Von vielen spontan angeschafften Collies wurde erwartet, dass sie von ganz alleine perfekte Babysitter sind, jedes Wort verstehen und natürlich auch prompt gehorchen. Dass so etwas von keiner Hunderasse ohne erzieherisches Engagement des Besitzers geleistet werden kann, verstanden viele enttäuschte Käufer nicht.

Zudem traten durch die zunehmende Massenzucht wegen der großen Nachfrage nach Welpen immer mehr nervöse und ängstliche Collies auf. Dies brachte dem Collie den Ruf ein, ein hysterischer Schönling zu sein, der nichts mehr mit dem einstigen robusten Arbeitshund gemeinsam hat.

Doch es gab und gibt Züchter, die nicht nur Wert auf die äußere Schönheit legen, sondern auch mit sehr viel Sorgfalt charakterlich einwandfreie und leistungsfähige Zuchttiere auswählen. Bei der Anschaffung eines Collies sollte in jedem Fall dem Züchter der Vorzug gegeben werden, der nicht nur stolz die Vitrine mit den Ausstellungspokalen präsentiert, sondern demjenigen, der seine Hunde auch psychisch fordert, vielleicht sogar mit ihnen arbeitet und dem wirklich etwas an dem Wesen der Rasse liegt.

Collies sind Fremden gegenüber etwas zurückhaltend; das sollte nicht automatisch als Scheu ausgelegt werden! Collies sind begeisterte Sporthunde. Sie lieben es, zu spielen und ihre Familie auf langen Spaziergängen zu begleiten. Sie eignen sich zum Beispiel auch vorzüglich für eine Agility-Ausbildung.

Der Collie ist ein sehr anschauliches Beispiel dafür, wie sehr sich manche Hunderassen im Laufe der Zeit verändern. Betrachtet man Zeichnungen oder Fotografien von Collies aus den Jahren um 1890, so mag man kaum glauben, dass es sich um die gleiche Rasse handelt! Auch die modernen Zuchtrichtungen in den unterschiedlichen Ländern variieren stark. Amerikanische Collies wirken wesentlich größer, haben schwerere Köpfe mit längerem Fang, etwas schlichteres Haar und auch meist eine weiße Blesse. Kontinentaleuropäische Collies hingegen sind kleiner, haben einen stärker ausgeprägten Stop und nur noch sehr selten eine Blesse.

Die Fellpflege des bekannteren Langhaarcollies ist naturgemäß aufwendig. Der sehr viel seltenere Kurzhaarcollie erfordert nur einen Bruchteil des Pflegeaufwandes. Ansonsten sind beide Rassen, was ihre Ansprüche an Bewegung und Beschäftigung angeht, absolut vergleichbar. Vom Kurzhaarcollie sagt man, er sei weniger sensibel als sein langhaariger Bruder.

Es gibt einige collietypische Erkrankungen. Hierzu gehören diverse Augenprobleme, immunbedingte Hautkrankheiten und natürlich durch seine Körpergröße auch immer wieder Hüftgelenksleiden. Da Collies zum Dickwerden neigen, sollte man das Körpergewicht immer wieder überprüfen und sich auch nicht durch das dicke Fell täuschen lassen!

Monatliche Futterkosten: ca. 50 €
Lebenserwartung: ca. 12 Jahre
Welpenpreis: ca. 750 €
Zuchtclubs im VDH:
  Club für Britische Hütehunde
  Deutscher Collie Club

Coton de Tuléar

FCI-Nr.: 283/9.1
Herkunftsland: Madagaskar
Größe: Rüde: 25-30 cm,
  Hündin: 22-27 cm
Gewicht: Rüde: 4-6 kg,
  Hündin 3,5-5 kg

Coton de Tuléar.

Der Coton de Tuléar ist eine in Deutschland noch recht unbekannte Rasse. Er geht auf die gleichen Ahnen wie die verschiedenen Bichon-Rassen zurück, ähnelt diesen auch in Aussehen und Verhalten. Er ist ein munterer kleiner Naturbursche, der allerdings durch seine geringe Größe und seine fehlende Unterwolle etwas behütet werden muss.

Als Welpe und Junghund sollte er nicht überfordert werden. Der erwachsene Coton kann dann aber nach entsprechendem Training problemlos auf Wanderungen und zum Jogging mitgenommen oder auch in Agility (Mini-Abteilung) trainiert werden. Hegt der Besitzer sportliche Ambitionen mit seinem Hündchen, so sollte das Fell etwas gekürzt werden. Wie bei allen Kleinhunden sollte man ihn nicht unbedingt ins Haus holen, wenn man Krabbel- oder Kleinkinder hat. Schnell sind Mutter und/oder das zarte Hündchen überfordert!

Grundsätzlich gilt: Je sportlicher man ist oder je kleiner die Kinder sind, desto robuster sollte der Coton sein. Man wähle also einen Welpen, dessen Eltern gewichts- und größenmäßig an der Obergrenze liegen!

Der Coton liebt seine Bezugsperson(en) über alles und sucht stets den Kontakt zu diesen. Allein bleiben muss bereits früh geübt werden, damit es nicht für Nachbarn – und auch den kleinen Kerl – in Stress ausartet, wenn Herrchen oder Frauchen einmal etwas ohne ihn erledigen müssen. Eigentlich ist der Coton der ideale Begleiter für ältere Hundefreunde, sofern diese bereit sind, sich um die Pflege des feinen Felles zu kümmern, das andernfalls zum Verfilzen neigt! Er ist auch mit weniger Bewegung zufrieden, genießt menschliche Zuwendung und gibt diese zärtlich zurück. Außerdem lässt er sich leicht auf dem Arm oder in einer Tasche transportieren und benötigt nur ein Minimum an Platz. Über rassebedingte gesundheitliche Probleme liegen keine Informationen vor.

Monatliche Futterkosten: ca. 20 €
Lebenserwartung: ca. 14 Jahre (Rasse ist erst seit ca. 20 Jahren mit relativ wenigen Exemplaren in Europa beheimatet, deshalb sind statistische Aussagen nur bedingt möglich!)
Welpenpreis: 850-1500 €
Zuchtclubs im VDH:
Coton de Tuléar Club
Coton de Tuléar-Verein

Langhaardackel, Rauhaardackel, Kurzhaardackel.

Dachshund, Dackel, Teckel

FCI-Nr.: 148/4.1
Herkunftsland: Deutschland
drei Größenschläge: Normalschlag: über 35 cm Brustumfang; Zwergteckel: bis 35 cm Brustumfang; Kaninchenteckel: bis 30 cm Brustumfang
Gewicht: Normalschlag nicht mehr als 9 kg

Der Dackel steht in der Beliebtheitsskala schon seit vielen Jahren ganz oben. Er ist kein Modehund sondern hat eine eingefleischte, treue Fangemeinde. Trotzdem ist dieser selbstbewusste kleine Kerl nur eingeschränkt als Anfängerhund zu empfehlen: Die Erziehung eines Dackels erfordert sehr viel Konsequenz und auch Hundeverstand.

Oft werden der Dickkopf und die Marotten eines ungezogenen Dackels belächelt, denn er kann ja nicht wirklich großen Schaden anrichten. Die Unannehmlichkeiten, die einer nachlässigen Erziehung folgen können, sind zum Teil ganz erheblich: Es ist schon vorgekommen, dass ein Dackel, der sich zum Familienoberhaupt aufgeschwungen hatte, seine Besitzer schlimm verletzt hat, denn sein Gebiss ist dem eines mittelgroßen Hundes gleich zu setzen. Ganz zu schweigen vom Imageverlust, den eine ganze

Rasse durch ungezogene, kläffende und bissige Exemplare in der Öffentlichkeit erleidet. Also: So herzig und schelmisch ein Dackel auch aussehen und schauen mag, so groß kann auch sein Bestreben sein, seinen Willen durchzusetzen.

Dabei gibt es ganz unterschiedliche Individuen: Mancher Dackel ist eher phlegmatisch, ein anderer wieder kann keine zehn Minuten still sitzen. Sehr wichtig ist es, sich ausführlich mit dem Züchter über seine Vorstellungen zu unterhalten! Dackel wurden als Jagdhunde gezüchtet und es gibt immer noch genügend rein jagdliche Zuchten in Deutschland. Sollten Sie keinerlei Ambitionen in diese Richtung haben, so sei Ihnen ausdrücklich nahegelegt, einen Welpen aus einer reinen Schönheitszucht zu nehmen. Und auch dieser kann noch einen starken Jagdtrieb besitzen!

Wenn man den Kurzhaardackel als „Urdackel" betrachtet, so entstand der Langhaarschlag durch Einkreuzung von langhaarigen Stöberhunden, die seinen Charakter etwas sanfter werden ließen und der Rauhaardackel durch Einkreuzung von Terriern, die ihm etwas mehr Rauflust mitgaben.

Auch im Pflegeaufwand unterscheiden sich die drei verschiedenen Haartypen etwas: Am wenigsten Pflege benötigt natürlich das Kurzhaar, etwas mehr Bürsten sollte es beim Langhaar sein, und der Rauhaardackel sollte regelmäßig getrimmt werden (entweder im Hundesalon oder vom Züchter zeigen lassen), um gepflegt auszusehen und Haut und Haar gesund zu erhalten.

Dackel sind eigentlich recht gesunde und langlebige Hunde, wenn sie nicht gerade zu Bandscheibenvorfällen (Dackellähme) und Herzklappeninsuffizienz (besonders Rauhaardackel) neigen. Sie sind gute Futterverwerter mit meist gesundem Appetit. Mehr noch als bei den meisten anderen Hunderassen bedeutet Übergewicht beim Dackel eine Einschränkung der Lebensqualität und auch eine Bedrohung der Gesundheit. Achten Sie Ihrem Hund zuliebe strikt auf seine schlanke Linie!

Monatliche Futterkosten: ca. 30 €
Lebenserwartung: 12-15 Jahre
Welpenpreis: ca. 425-500 € (je nach Größenschlag)
Zuchtclubs im VDH:
Deutscher Teckelklub (DTK)

Dalmatiner

FCI-Nr.: 153/9.7
Herkunftsland: Jugoslawien
Größe: Rüde: 56-61 cm,
Hündin: 54-59 cm
Gewicht: ohne Angabe

Viele Leute wählten einen Dalmatiner wegen seines exzentrischen Aussehens als Accessoire für ihre durchgestylte Wohnung und dabei ist er doch eher ein Hund für rechte Naturburschen. Er hat ein im Grunde unkompliziertes Wesen, braucht aber sehr viel Bewegung und Beschäftigung, um ausgeglichen zu bleiben und nicht auf

dummme Gedanken zu kommen und zum Beispiel das teure Designer-Mobiliar zu zerstören.

In den letzten Jahren erlebte der Dalmatiner durch die beliebten Walt-Disney-Filme einen Aufschwung, der der Rasse nicht unbedingt nur Vorteile brachte: Viele Hunde wurden als herzige Spielkameraden für die Kinder angeschafft und landeten nach kurzer Zeit dann entweder im Tierheim oder wanderten von Hand zu Hand. Tatsächlich eignet sich ein Dalmatiner recht gut als Familienhund. Er ist fröhlich, spielfreudig und hängt sehr an seinem Rudel.

In den Köpfen mancher Menschen existiert aber nun mal ähnlich wie beim Collie nach Filmen von „denkenden" Hunden, das Bild eines mitdenkenden Wesens in Hundegestalt. Auch ein Dalmatiner muss erzogen werden, und zwar mit Geduld und Konsequenz. Und dies kann neben der Betreuung von Säuglingen oder Kleinkindern recht anstrengend werden. Und bei Wind und Wetter lange Spaziergänge oder besser vielleicht sogar Fahrradtouren mit ihm unternehmen zu müssen, passt für viele Menschen dann doch nicht in ihr Dalmi-Klischée.

Mit ausreichender Bewegung und gesunder Ernährung sind Dalmatiner langlebige und gesunde Hunde. Ihre Schwachstellen sind die Haut (Allergien) sowie eine spezielle Form von Harnsäuresteinen, die sich aber mit entsprechender Fütterung in den Griff bekommen lässt. Außerdem tritt beim Dalmatiner mitunter von Geburt an Taubheit auf. Ein Zusammenhang mit

Dalmatiner.

der weißen Grundfarbe wird vermutet. Alle Dalmatiner, die zur Zucht eingesetzt werden, müssen vorher auf intaktes Hörvermögen untersucht werden, und auch vor dem Kauf eines Welpen sollten sie sich davon überzeugen, dass er nicht taub ist.

Monatliche Futterkosten: 30-60 €
Lebenserwartung: ca. 13-15 Jahre
Welpenpreis: 700-1000 €
Zuchtclubs im VDH:
Deutscher Dalmatinerclub (DDC)
Club für Dalmatinerfreunde (CDF)
Dalmatinerverein Deutschland (DVD)

Deutsche Dogge

FCI-Nr.: 235/2.2
Herkunftsland: Deutschland
Größe: Rüde: mindestens 80 cm,
Hündin: mindestens 72 cm
Gewicht: ohne Angabe
Für viele ein Traumhund, doch lassen spontane Entscheidungen zum Kauf einer Deutschen Dogge den Traum oft zum Alptraum werden. Selbst wenn Sie wissen, dass diese Hunde sehr groß werden: In Wirklichkeit werden sie noch größer! Auch wenn Doggen keine übermäßigen Temperamentsbolzen sind, brauchen sie sehr viel Platz, sehr viel sehr hochwertiges Futter und dementsprechend auch einen Besitzer, der nicht jede Mark umdrehen muss.

Als Statussymbol oder Villen-Wächter ist die Dogge viel zu schade, so imposant sie auch aussieht. Sie braucht unbedingt engen Familienanschluss, um ihre guten Eigenschaften voll entwickeln zu können. Zudem ist sie relativ kälteempfindlich und sollte kältere Tage und vor allem auch die Nächte unbedingt im Haus verbringen. Die meisten Doggen haben einen ausgeglichenen Charakter. Sie sind sensible und zärtliche Hausgenossen.

Rauflustig sind sie zum Glück selten. Meist übersehen sie kleinere Hunde einfach. Auch Aggressivität gegenüber Menschen kommt kaum vor. Die beiden deutschen Doggenclubs achten sehr genau darauf, keine Hunde mit Wesensschwächen zur Zucht zuzulassen. Dies ist gut so, denn eine mannscharfe oder auch nur angstbeißende Dogge wäre mehr als gefährlich.

Auch mit anderen Haustieren verstehen sich Doggen sehr gut. Sie gehen meist rührend sanft mit jungen Tieren und Kindern um. Wegen der Größe der Hunde können aber dennoch die zärtlichsten Annäherungsversuche bei ängstlichen Menschen Panikanfälle hervorrufen. Deshalb sollte auch die friedliche Dogge gut erzogen werden und nicht unkontrolliert frei laufen. Gerade Besitzer von großen Hunden tragen eine große Verantwortung, was die Öffentlichkeitsarbeit angeht, solch ein Hund fällt mehr auf als ein kleiner – im Positiven wie im Negativen.

Die wachsende Dogge muss sehr sorgfältig gefüttert und bewegt werden, sonst sind Gelenkprobleme vorprogrammiert. Ist die Dogge dann ausgewachsen, soll sie sich ausgiebig bewegen, um gesund zu bleiben. Leider werden diese Hunde nicht alt. Doggen über zehn Jahre sind eher selten.

Die Zucht auf extreme Größe führt zu einer verkürzten Lebenserwartung. Es ist also kein Fehler, sich nach einem

Linke Seite: Deutsche Dogge.

Züchter umzusehen, der mit Tieren moderater Größe züchtet. Es gibt eine Anzahl Krankheiten, zu denen Doggen neigen, unter anderem Herz-Kreislauferkrankungen, Wirbelsäulen- und Rückenmarkserkrankungen und auch HD. Manche Doggen schlagen sich die Schwanzspitzen an Gegenständen auf. Die daraus resultierenden Nekrosen heilen oft nicht mehr ab und die Rute muss ein Stück weit amputiert werden. Auch dies ein Plädoyer dafür, eine Dogge wirklich nur zu halten, wenn man in großzügigen Wohnverhältnisse lebt!

Monatliche Futterkosten: ca. 90 €
Lebenserwartung: ca. 8 Jahre
Welpenpreis: 1000-1500 €
Zuchtclubs im VDH:
Deutscher Doggen Club (DDC)
Kynologische Gesellschaft für Deutsche Doggen

Deutscher Schäferhund

FCI-Nr.: 166/1.1
Herkunftsland: Deutschland
Größe: Rüde 60-65 cm,
Hündin 55-60 cm
Gewicht: Rüde 30-40 kg,
Hündin 22-32 kg

Am Deutschen Schäferhund scheiden sich die Geister. Weltweit ist kaum ein Hund so bekannt und beliebt, aber kaum eine andere Rasse hat auch so viele Feinde. Für Schäferhunde gilt vielleicht noch mehr als für andere Rassen, dass sie das sind, was ihre Herren aus ihnen machen.

Dies muss man sich vor der Anschaffung eines Schäferhundwelpen immer vergegenwärtigen. Unerzogen, sich selbst überlassen oder gar scharf gemacht, wird ein Schäfer zur Plage oder gar Gefahr für seine Umwelt. In den richtigen Händen hingegen kann er zum echten Traumhund werden. Eine sehr solide Grunderziehung ist wichtig, um den Hund jederzeit unter Kontrolle zu halten.

Darüber hinaus brauchen Schäferhunde eine Aufgabe, die sie körperlich und geistig fordert. Diese findet man zum Beispiel bei den diversen hundesportlichen Disziplinen wie Obedience, Agility oder Fährtenarbeit. Halter mit ernsthaften Ambitionen können mit ihrem Schäfer eine Rettungs- oder Lawinenhundausbildung machen. Schäferhunde sind tatsächlich universell einsetzbar, außer vielleicht als Jagdhunde.

Hierin liegt die große Gefahr bei ihnen, denn unterfordert fangen sie sehr schnell an, sich zu langweilen und auf dumme Gedanken zu kommen. Auf jeden Fall ist ein Schäfer viel zu schade, den ganzen Tag in einem Zwinger zu versauern und nur zweimal in der Woche auf einen Hundeplatz gebracht zu werden. Dies ist der Anspruch an Sie als Schäferhundhalter – machen Sie etwas aus diesem prachtvollen Tier. Ihre Mitmenschen und Ihr Hund werden es Ihnen danken! Der

Deutscher Schäferhund.

Züchter muss wohl ausgesucht werden. Meiden Sie Massenzuchten, in denen die Hunde nur im Zwinger gehalten werden. Achten Sie auf freundliche und aufgeschlossene Elterntiere und auf einen sympathischen Züchter. Das freundschaftliche Verhältnis zwischen ihm und seinen Hunden sollte deutlich spürbar sein.

Viele Schäferhunde haben Hüftprobleme. HD-freie Elterntiere sind ein Muss, dies sollten Sie sich unbedingt vom Züchter dokumentieren lassen. Meiden Sie auch Hunde mit extrem abfallender Hinterhand und am Boden schleifenden Ruten!

Monatliche Futterkosten: ca. 40 €
Lebenserwartung: ca. 12 Jahre
Welpenpreis: ab ca. 500 €
Zuchtclubs im VDH:
Verein für Deutsche Schäferhunde (SV)

Dobermann

FCI-Nr.: 143/2.1
Herkunftsland: Deutschland
Größe: Rüde: 68 (bis höchstens 70) cm, Hündin: 63-66 (höchstens 67) cm
Gewicht: ohne Angabe

Ein Kenner der Rasse bezeichnete den Dobermann als „Ferrari unter den Hunden“: Man kann große Erfolge mit ihm haben, kann aber auch oft Pannen erleben und muss mit ihm umzugehen wissen.“

Tatsächlich ist der Dobermann kein Hund für Anfänger oder für ungeduldige, nervöse Menschen und solche ohne Verantwortungsbewusstsein. Nur zu oft zieht dieser wunderschöne Hund die falschen Charaktere an. So mancher möchte sein unterentwickeltes Selbstbewusstsein mit einem starken, schönen und gefährlichen Hund an seiner Seite aufpolieren und genau

Dobermann.

diese Sorte Mensch ist auch verantwortlich für das teilweise schlechte Image des Dobermanns in der Öffentlichkeit. Seine Schärfe wird oft bewusst gefördert und aggressives Verhalten Menschen und/oder Tieren gegenüber bewusst oder unbewusst toleriert.

Sollten Sie mit der Anschaffung eines Dobermanns liebäugeln, so überlegen Sie sich dies reiflich: Sie müssen wirklich sehr viel Zeit und Sorgfalt in die Grunderziehung als auch in seine Bewegung und Beschäftigung investieren, auch wenn es sich um ein ruhigeres und gutmütigeres Tier handelt, weil das Bild eines Hundes in der Öffentlichkeit immer auch von seinem Verhalten und Gehorsam bestimmt wird. Sie sind sein Botschafter! Und positive Werbung müssen heutzutage alle Hundebesitzer machen, um den hundefeindlichen Tendenzen der Gesellschaft entgegen zu treten!

Der Dobi schließt sich meist sehr eng an eine Bezugsperson an. Von Kindern will er oft nicht allzu viel wissen, auch wenn er sie akzeptiert. Vor allem die Rüden neigen zu Dominanz. Damit umzugehen setzt eine gewisse Erfahrung in der Erziehung von Hunden voraus. Meist eignen sich Hündinnen als Familienhunde besser.

Dobermänner sind leider keine sehr langlebigen Hunde. Es gibt recht viele Krankheitsdispositionen in dieser Rasse, die unter anderem die Haut und auch den Bewegungsapparat, vor allem die Wirbelsäule betreffen. Zudem sind Dobermänner recht kälteempfindlich. Auch dies sollte zum Beispiel auf dem Hundeplatz bedacht werden. Im Winter soll sich der Hund im Freien bewegen, kein langes Ablegen oder Anbinden bei Minusgraden!

Denken Sie beim Kauf daran, dass das Kupieren der Ohren und der Rute in Deutschland nach dem Tierschutzgesetz verboten ist und lassen sie sich vom Züchter, aus welchen Gründen auch immer, keinen kupierten Welpen verkaufen!

Monatliche Futterkosten: ca. 40 €
Lebenserwartung: ca. 10 Jahre
Welpenpreis: ca. 750-1250 €
Zuchtclubs im VDH:
Dobermann-Verein

Englische Bulldogge.

Englische Bulldogge, English Bulldog

FCI-Nr.: 149/2.2
Herkunftsland: Großbritannien
Größe: ohne Angabe
Gewicht: Rüde ca. 25 kg,
Hündin ca. 23 kg

Die Englische Bulldogge ist eine umstrittene Rasse. Kurzatmigkeit, Hitzeempfindlichkeit, ausgedrehte Schultern und Hautentzündungen – mit mindestens einem dieser Probleme hat fast jede Bulldogge zu kämpfen. Selbst innerhalb ihrer Fan- und Züchtergemeinde werden immer mehr kritische Stimmen laut, zugunsten der Gesundheit und Lebensqualität der Hunde auf bestimmte Übertypisierungen zu verzichten.

Wer einmal einen mobilen, hochbeinigen Bulldog, der auch noch etwas Nasenrücken hat, kennen lernen konnte, wird gerne auf Ausstellungslorbeeren verzichten, um solch ein Tier zum Begleiter zu haben. Vor allem in der Schweiz gibt es engagierte Bulldogzüchter, die sich ganz energisch für eine Gesundzüchtung dieser Rasse einsetzen.

Der Charakter der Bulldogge ist menschenfreundlich und ausgeglichen mit einer hohen Reizschwelle. Die Erziehung ist aber dennoch nicht so einfach, weil ein Bulldog meist seine eigenen Vorstellungen davon hat, was zu tun und zu lassen ist.

Die hochbeinigeren und beweglicheren Exemplare dieser Rasse sind lebhafter und agiler als die niedrig gebauten Hunde mit den sehr breiten Fronten und oft ausgedrehten Schultern. Mit ihnen ist sogar die Teilnahme

English Setter.

an verschiedenen hundesportlichen Disziplinen möglich.

Sollten Sie sich für diese Rasse interessieren, so besuchen Sie viele Züchter, um einen Eindruck von der Varianz in der Rasse bekommen. Liegt Ihnen der Bulldog wirklich am Herzen, so wählen Sie einen Züchter aus, der die Gesundheit der Hunde verbessern möchte und der weniger auf Ausstellungen, sondern mehr mit seinen Hunden draußen unterwegs ist.

Bulldoggen sind extrem hitzeempfindlich und sollten im Sommer immer eine kühle Rückzugsmöglichkeit haben. Auch Gelenksprobleme, besonders lose Schultern sowie Hautentzündungen vor allem zwischen den Falten kommen häufig vor. Die Narkose stellt immer ein höheres Risiko als bei anderen Rassen dar. Deshalb sollten Sie rechtzeitig einen Tierarzt suchen, der Erfahrung mit Bulldoggen hat.

Monatliche Futterkosten: ca. 35-40 €
Lebenserwartung: 8-10 Jahre
Welpenpreis: 1550 € als Empfehlung des ACEB, kann von einzelnen Züchtern aber auch überschritten werden.
Zuchtclubs im VDH:
Allgemeiner Club für Englische Bulldogs (ACEB)

English Setter

FCI-Nr.: 2/7.2
Herkunftsland: Großbritannien
Größe: Rüde 65-68 cm,
Hündin 61-65 cm
Gewicht: ohne Angabe
Der Englische Setter gilt als der sanfteste unter den Settern, was allerdings nicht ausschließt, dass er ein äußerst bewegungsfreudiger und temperamentvoller Hund sein kann. Der überwiegende Teil der Englischen Setter

wird auch heute noch als Jagdhund gehalten.

Sollten Sie sich für einen Englischen Setter als Familien- und Begleithund interessieren, so wählen Sie einen Hund aus einer Schönheitszucht, andernfalls könnten Sie Probleme mit einem starken Jagdtrieb bekommen. Aber auch der nicht jagdlich gezogene English Setter muss eine Beschäftigung bekommen und ausreichend bewegt werden, ein unausgeglichenes Schmuckstück kann schnell zum Problem werden! Schließen Sie sich einer Agility-Gruppe an, gehen Sie mit ihm Fahrrad fahren oder versuchen Sie ihn für Apportierübungen zu begeistern.

Wie auch der Ire und der Gordon Setter kann der English Setter ein sensibler Dickkopf sein, für dessen Erziehung man eine gehörige Portion Feingefühl und Konsequenz braucht. Überlegen Sie es sich gut, bevor sie einen dieser wunderschönen, aber auch anspruchsvollen Hunde ins Haus holen.

English Springer Spaniel.

Setter können recht sensibel auf Futterumstellungen reagieren, sie sind außerdem relativ tumoranfällig. Nach der Kastration entwickeln sowohl Hündinnen als auch Rüden ein unschönes wolliges Fell, viele werden auch träge und neigen dann zum Dickwerden, Hündinnen werden oft inkontinent. Aus diesem Grund sollte dieser Eingriff beim Setter nur aus wichtiger medizinischer Indikation durchgeführt werden.

Monatliche Futterkosten: ca. 50 €
Lebenserwartung: 10-15 Jahre
Welpenpreis: 750-1000 € (durchschnittlich 930 €)
Zuchtclubs im VDH:
Verein für Pointer und Setter
English-Setter-Club Deutschland

English Springer Spaniel

FCI-Nr.: 125/8.2
Herkunftsland: Großbritannien
Größe: ca. 51 cm
Gewicht: ohne Angabe

Der Englische Springer Spaniel ist hierzulande noch nicht so bekannt und verbreitet wie der Cocker Spaniel. In anderen Ländern wie England oder den USA gehört er bereits seit vielen Jahren zu den beliebtesten Hunderassen, sowohl als reiner Familienhund als auch als Jagdhund. Dies führte dazu, dass sich in diesen Ländern im Laufe der Zeit sehr unterschiedliche Zuchtlinien entwickelten: Arbeitshunde und Showhunde.

Auch in Deutschland sollte man sich genau erkundigen, aus welchen Linien der Welpe stammt, für den man sich interessiert. Zwar kann auch ein Springer aus Schaulinien einen beträchtlichen Jagdtrieb haben, die Wahrscheinlichkeit ist aber doch etwas niedriger als bei Hunden aus Arbeitslinien.

Sollten Sie hingegen ernsthafte Ambitionen haben, Ihren Springer jagdlich auszubilden und zu führen, so sollten Sie einen entsprechenden Züchter auswählen. Eine Jagdausbildung nur so zum Spaß sollten Sie nicht beginnen, wenn der Hund danach nicht entsprechend geführt werden soll, der einmal geförderte Jagdtrieb könnte für Sie und Ihre Umwelt zur Belastung werden.

English Springer Spaniel sind äußerst liebenswerte und freundliche Hunde, die sich meist sehr gut in das menschliche Rudel integrieren lassen. Sie neigen zwar nicht zur Dominanz oder zur Aggressivität, verstehen es aber recht gut, ihren Willen mit Köpfchen und Sturheit durchzusetzen. Also achten Sie darauf: eine liebevolle, aber konsequente Erziehung ist unerlässlich, wenn Sie nicht wollen, dass Ihr Springer macht, was er will!

Die Rasse ist eher pflegeleicht, drei bis viermal jährlich sollte der Springer getrimmt werden, um das Fell schön und gepflegt zu halten. Manche Hunde neigen zu einer erhöhten Talgdrüsenproduktion, sie können einen unangenehmen Geruch entwickeln und die Haut und die ohnehin relativ anfälligen Ohren können sich schneller infizieren und entzünden.

Kastrierte Hündinnen entwickeln ein wolliges, stumpfes Welpenfell, sie neigen dann auch mehr zum Dickwerden als andere Rassen. Ohne vernünftigen Grund sollten Spaniels nicht kastriert werden. Ansonsten sind Springer Spaniels recht robuste Hunde, die bei guter Haltung und ausreichender Bewegung ein hohes Alter erreichen können.

Monatliche Futterkosten: ca. 50 €
Fellpflegekosten: ca. 60 €/Jahr
Lebenserwartung: 12-14 Jahre
Welpenpreis: ca. 600-800 €
Zuchtclubs im VDH:
- Jagdspaniel-Klub (hauptsächlich Züchter ohne jagdliche Ambitionen)
- Spaniel-Club Deutschland (keine jagdlichen Prüfungen vorgesehen)
- Verein Jagdgebrauchsspaniel (nur jagdlich orientierte Züchter)

Eurasier

FCI-Nr.: 291/5.5
Herkunftsland: Deutschland
Größe: Rüde: 50-60 cm,
Hündin: 48-56 cm
Gewicht: Rüde: 23-32 kg,
Hündin: 18-26 kg

Der Eurasier ist eine sehr junge Hunderasse. Er wurde erst in den 60er Jahren des vorigen Jahrhunderts aus den Ausgangsrassen Chow Chow, Wolfsspitz und Samojede gezüchtet. Zuchtziel sollte ein umgänglicher und gesunder Familienhund sein.

Da die Ausgangsrassen sich zwar im Aussehen ähneln, im Charakter aber

Eurasier.

recht unterschiedlich sind, ist es auch heute schwierig, für den Eurasier ein genaues Charakterprofil zu erstellen. Es gibt Eurasier, die sehr zurückhaltend Fremden gegenüber sind und eher majestätisch distanziert ihr Umfeld beobachten. Andere wiederum sind freundlich zugetan und immer zu einem Späßchen bereit. Ihre Anhänger schätzen das Ursprüngliche, „Wölfische" des Eurasiers, wobei vereinzelt hierdurch Schwierigkeiten in der Erziehung und in der Interaktion mit der Umwelt auftreten können.

Für fast alle Eurasier gilt, dass Sie in der Erziehung nicht ganz so einfach sind. Man benötigt meist schon etwas Erfahrung. Das Geheimnis ist, sich in die Hundepsyche hineinzuversetzen und den Eurasier dazu zu bringen, das, was man von ihm möchte, auch zu wollen! Auch sein Äußeres hat etwas Wolfsähnliches. Er wirkt in seinen Proportionen und seiner Farbgebung sehr reizvoll und doch natürlich: Tatsächlich scheint er das gelungene, harmonische Mittelmaß seiner Ausgangsrassen zu sein.

Der Eurasier ist gerne draußen unterwegs, wobei ihm kühleres Wetter eindeutig mehr liegt als die Sommerhitze und er auch keinen übertriebenen Bewegungsdrang an den Tag legt. Er ist glücklich, wenn alle seine Familienmitglieder um ihn versammelt sind, und das kann dann auf einer Wanderung ebenso wie zuhause auf der Couch sein.

Die deutschen Eurasier-Zuchtclubs im VDH legen sehr viel Wert auf die Gesundheit und das intaktes Sozialverhalten der Rasse. Interessenten

Flat Coated Retriever.

werden sehr gründlich und umfassend über die Rasse informiert, und sollten Zweifel an der Eignung als Eurasierhalter auftreten, so kann es auch vorkommen, dass jemand überhaupt keinen Welpen bekommt. Dies ist im Prinzip eine sehr lobenswerte Einstellung. Es ist tatsächlich so, dass der Eurasier eine gesundheitlich sehr robuste Rasse und auch nur sehr, sehr selten im Tierheim anzutreffen ist.

Monatliche Futterkosten: ca. 35 €
Lebenserwartung: ca. 10-14 Jahre
Welpenpreis: 820-850 € (+ 90 € Kaution, die nach dem HD-Röntgen zurückgezahlt wird)
Zuchtclubs im VDH:
Zuchtgemeinschaft für Eurasier
Eurasier-Klub
Kynologische Zuchtgemeinschaft für Eurasier

Flat Coated Retriever

FCI-Nr.: 121/8.1
Herkunftsland: Großbritannien
Größe: Rüde: 58-61 cm,
Hündin: 56-69 cm
Gewicht: ohne Angabe

Vor wenigen Jahren in Deutschland eine absolute Rarität, ist der Flat Coated Retriever auch heute noch nicht so bekannt wie seine wesentlich beliebteren Vettern Labrador und Golden Retriever. Er ist wie jene auch ursprünglich ein Apportierhund vor allem von Wassergeflügel und ebenso wie die anderen Retriever ist er ein riesiger Wasserfreund.

Es ist außerdem sehr leicht, ihm das Apportieren von Gegenständen beizubringen. Mit einer entsprechenden Ausbildung zum Beispiel der Dummy-Arbeit macht man dem Hund eine riesige Freude und tut auch sich selber einen großen Gefallen. Ein unausgelasteter Flat kann nämlich leicht zu einer Belastung werden, weil sein Temperament schlecht zu zügeln ist. Der Hund weiß dann einfach nicht wohin mit seinem Tatendrang. Alle möglichen Beschäftigungen werden von einem Flat mit Freude erlernt und ausgeführt. Ein paar Beispiele neben Dummyarbeit sind Agility, Obedience und die Ausbildung zum Rettungshund.

Mit Kindern versteht sich der Flat in der Regel glänzend. Er ist ein sehr menschenfreundlicher und gutmütiger Hund, wobei sich die Hündinnen vielleicht noch einen Tick besser als Familienhunde eignen als die Rüden.

Beim Flat sind keine spezifischen Rasse bedingten Erkrankungen bekannt. Hunde aus unseriöser Zucht können unter Umständen mit sehr schlechten Hüftgelenken belastet sein.

Monatliche Futterkosten: ca. 50 €
Lebenserwartung: ca. 10 Jahre
Welpenpreis: ca. 850 €
Zuchtclubs im VDH:
Deutscher Retriever Club
Gründung eines speziellen Flat Coated Retriever Clubs wird erwogen

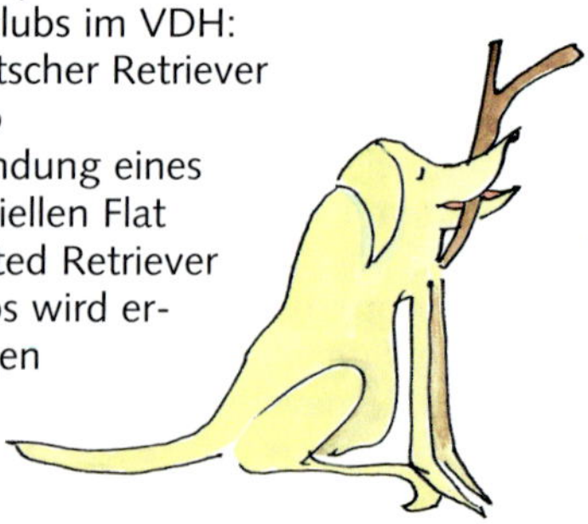

Foxterrier

FCI-Nr.: Drahthaar: 169/3.1, Glatthaar: 12/3.1
Herkunftsland: Großbritannien
Größe: Rüde nicht über 39 cm, Hündin etwas weniger

Der Foxterrier ist heute nicht mehr so häufig anzutreffen, nachdem er in den dreißiger bis fünfziger Jahren des vorigen Jahrhunderts fast zum Straßenbild gehörte. Er steht im Ruf, bissig und rauflustig zu sein und dies mag ein Grund sein, warum seine Verbreitung abgenommen hat.

Nun, viele Foxl wurden als Begleit- und Familienhunde angeschafft, ohne dass man sich um die speziellen Anforderungen dieser schneidigen Jagdhunde Gedanken machte. Ursprünglich als furchtlose Fuchsjäger und -töter gezüchtet, steckt in den meisten Foxterriern auch heute noch eine ganze Portion Mut und Schärfe. Einem Streit gehen diese Hunde ungern aus dem Weg.

Da es sich um sehr hübsche und elegante Tiere von handlichem Format handelt, wurden sie vor allem in der Drahthaar-Variante auch oft als Be-

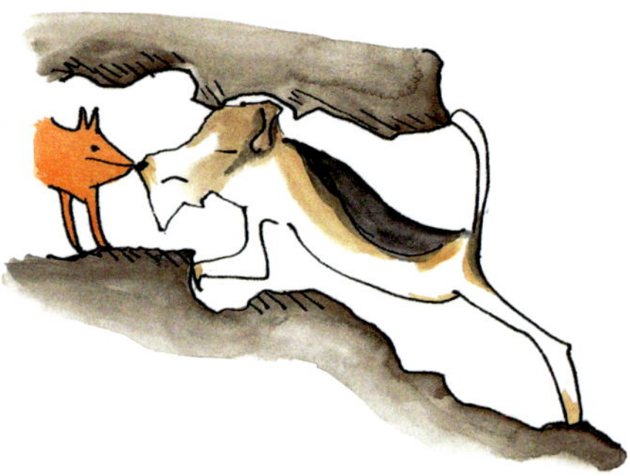

gleiter für die feine Dame gekauft. Und hierfür sind Foxterrier absolut nicht die richtige Wahl. Sie lieben es, im Rosenbeet zu buddeln und Nachbars Katze auf den Baum zu jagen. Auch durch stundenlange Wanderungen sind sie kaum müde zu kriegen.

Foxterrier.

In der Familie versuchen sie gerne, ihren Willen durchzusetzen und ihren Rang zu verbessern. Kurzum: ein Foxterrier ist in der Regel ein Temperamentsbolzen, der einen umsichtigen und sportlichen Besitzer braucht, der seinen Tatendrang in die richtigen Bahnen zu lenken weiß. Dann ist der pfiffige Terrier ein treuer und lustiger Begleiter, der mit seinem Herrchen oder Frauchen durch Dick und Dünn geht.

Drahthaar-Foxterrier müssen in regelmäßigen Abständen getrimmt werden und zwar von einer Person, die sich damit auskennt, nicht im nächstbesten Pudelsalon um die Ecke! Sie können die Trimmkunst auch selbst erlernen. Entweder zeigt Ihnen Ihr Züchter die nötigen Handgriffe oder Sie besuchen einen vom Zuchtclub organisierten Kurs. Beim Foxterrier kommen ab und zu Augenerkrankungen vor. Hunde mit einem sehr großen Weißanteil im Fell können unter Umständen taub sein.

Monatliche Futterkosten: ca. 20 €
Fellpflegekosten: 45-65 €/Trimmen (ca. zwei- bis viermal im Jahr)
Lebenserwartung: 12 Jahre
Welpenpreis: 500-650 €
Zuchtclubs im VDH:
Deutscher Foxterrier-Verband

Französische Bulldogge

FCI-Nr.: 101/9.11
Herkunftsland: Frankreich
Größe: ohne Angabe (ca. 30 cm, muss im Verhältnis zum Gewicht stehen)
Gewicht: Rüde 8-14 kg, Hündin 7-13 kg

Auch wenn die Französische Bulldogge etwas griesgrämig dreinblickt, ist sie doch ein durch und durch charmanter Hund. Die ausgeprägte Mimik dieses kleinen Kerls sowie seine teilweise unhündischen Lautäußerungen verleihen ihm etwas Koboldhaftes.

Bullies sind verspielt, lebhaft, dabei freundlich und neugierig. Meist vertragen sie sich gut mit Artgenossen und auch mit anderen Tieren. Man sollte sie aber bereits im Welpenalter an alle möglichen Situationen heran-

Französische Bulldogge.

führen und jegliche Aggressionstendenzen, vor allem bei den Rüden durch sanften Nachdruck im Keim ersticken. Viele Bullies sind ziemlich eifersüchtig! Zu fremden Menschen sind sie meist neutral bis freundlich. Von Kindern sind sie sogar oft begeistert – was aber nicht heißen darf, dass diese sie ungestört stundenlang traktieren dürfen.

Ein Bully ist ein Hund für gemütliche Menschen. Sportliche Hochleistungen sind nicht sein Ding. Im Sommer können diese sogar lebensgefährlich sein. Hitze verträgt er nämlich schlecht, und man tut gut daran, seinen Bully im Sommer nicht zu überfordern, um einen Hitzekollaps zu vermeiden. Gemütliche Spaziergänge und kleine Balgereien im Garten sind eher nach seinem Geschmack. Grunderziehung muss auch bei der Französischen Bulldogge sein. Wer allerdings mit seinem Hund bei Unterordnungswettkämpfen oder beim Agility glänzen will, sollte eine andere Rasse wählen.

Gesundheitliche Probleme kann, wie gesagt die Hitzeempfindlichkeit machen. Auch vertragen manche Bullies Narkosen schlecht. Grund dafür ist ein zu langes Gaumensegel. Auch Bandscheibenprobleme treten vor allem beim älteren Bully auf.

Monatliche Futterkosten: ca. 20 €
Lebenserwartung: bis zu 12 Jahren
Welpenpreis: ca. 1500 €
Zuchtclubs im VDH:
  Internationaler Club für Französische Bulldoggen (IKFB)

Golden Retriever

FCI-Nr.: 111/8.1
Herkunftsland: Großbritannien
Größe: Rüde: 57-61 cm,
  Hündin: 51-56 cm
Gewicht: ohne Angabe

Der Golden Retriever erlebte in Deutschland in den letzten zehn bis fünfzehn Jahren einen kometenhaften Aufstieg. Das war nicht nur zu seinem Vorteil, denn die seriösen alteingesessenen Züchter der Rasse kamen mit dem Nachschub an Welpen gar nicht nach. Gewerbliche Hundevermehrer traten auf den Plan oder auch einfach gut meinende Leute, die ihre Hündin einfach so mal decken ließen, ohne sich vorher einem Zuchtklub mit seinen relativ strengen Zuchtauswahlkriterien anzuschließen.

Der Golden Retriever ist nach wie vor ein überwiegend sehr freundlicher, Stress resistenter Hund, der sich hervorragend als Kinderhund eignet. Es treten aber heute vereinzelt aggressive und nervöse Exemplare in Erscheinung. Früher war dies beim Golden undenkbar.

Auch das Äußere dieser Rasse hat sich verändert: Die Köpfe der modernen Ausstellungshunde sind runder, das Fell viel heller, manche sind fast weiß. Beim Golden Retriever ist es extrem wichtig, einen Welpen aus einer kontrollierten Zucht zu wählen, das heißt, der Züchter sollte einem der beiden für die Rasse zuständigen und dem VDH angeschlossenen Zuchtclub angehören.

Ein rassetypischer Golden aus guter Zucht ist dann aber auch ein leicht erziehbarer, fröhlicher und unternehmungslustiger Familienhund, mit dem man richtig arbeiten kann und soll: Dummy-Training, Agility, Obedience, Rettungshundeausbildung und so weiter sind hervorragende Möglichkeiten, den Hund auszulasten und auch selber, unter fachkundiger Anleitung, etwas mehr über Hunde und ihr Verhalten zu lernen.

Wie alle Retriever sind Goldens ausgesprochene Wasserratten, selbst die kleinste Pfütze wird begeistert durchwatet. Entsprechend unempfindlich sollte die verantwortliche Hausfrau sein, denn die Dreckmenge, die der Hund ins Haus bringt, kann beachtlich sein!

Gelenksprobleme, vor allem der Hüfte und der Ellbogen können – wie bei allen größeren Hunderassen auftreten.

Monatliche Futterkosten: ca. 50 €
Lebenserwartung: ca. 12 Jahre
Welpenpreis: ca. 900-1000 €
Zuchtclubs im VDH:
- Deutscher Retriever Club (DRC) (legt mehr Wert auf Prüfungsergebnisse)
- Golden Retriever Club (legt mehr Wert auf Ausstellungsergebnisse)

Gordon Setter, Schottischer Setter

FCI-Nr.: 6/7.2
Herkunftsland: Großbritannien
Größe: Rüde 66 cm, Hündin 62 cm
Gewicht: ohne Angabe

Der Gordon Setter ist der kräftigste der vier Setterrassen, und soweit man das beim Setter überhaupt sagen kann, der Härteste und Schärfste. Er wird auch heute noch als Jagdhund eingesetzt, wobei er keineswegs nur als reiner Vorstehhund zu gebrauchen ist, sondern sich auch auf der Schweißfährte und bei der Wasserarbeit bewährt.

Es gibt auch reine Schönheitszuchten, denn der Gordon Setter begeistert seit jeher Hundefreunde durch sein glänzend schwarzrotes Fell, seine geschmeidigen Bewegungen und sein angenehmes Wesen. Wie bei den drei anderen Setterrassen auch muss man sich seine Anschaffung gut überlegen.

Ein Gordon – soll er seine guten Anlagen voll zur Entfaltung bringen können – ist kein Hund für jedermann. Er eignet sich ganz und gar nicht als Statussymbol, das nur bewundernde Blicke auf sich und seinen Besitzer ziehen soll. Dieser Hund muss laufen und arbeiten, um glücklich und ausgeglichen zu sein. Kann er das nicht, wird er zur Belastung für alle Beteiligten.

Foto Seite 124/125: Golden Retriever.

Gordon Setter.

Sollten Sie sich für einen Gordon Setter als Familien- und Begleithund interessieren, so wählen Sie einen Hund aus einer Schönheitszucht. Andernfalls könnten Sie Probleme mit dem starken Jagdtrieb bekommen. Schließen Sie sich einer Agility-Gruppe an, gehen Sie mit ihm Fahrrad fahren oder versuchen Sie, ihn für Apportierübungen zu begeistern. Auch Obedience ist ein gutes Setter-Training.

Alle Setterrassen sind sensible Dickköpfe. Für die Erziehung braucht man eine gehörige Portion Feingefühl, aber auch Konsequenz. Sie sind eigentlich keine Hunde für Anfänger und schon mancher enthusiastische Welpenkäufer hat bei der Erziehung seines Hundes kapituliert. Hinzu kommt, dass manche Setter recht feinnervig sein können, immer auf Draht. Das ist vielen Menschen etwas zu anstrengend. Überlegen Sie es sich gut, bevor sie einen dieser wunderschönen aber auch anspruchsvollen Hunde ins Haus holen.

Setter können recht sensibel auf Futterumstellungen reagieren. Sie sind außerdem relativ tumoranfällig. Nach der Kastration entwickeln sowohl Hündinnen als auch Rüden ein unschönes, wolliges Fell. Manche werden träger und neigen dann zum Dickwerden. Hündinnen werden oft inkontinent. Aus diesem Grund sollte dieser Eingriff beim Setter nur aus wichtiger medizinischer Indikation durchgeführt werden.

Monatliche Futterkosten: ca. 50 €
Lebenserwartung: 10-15 Jahre
Welpenpreis: 750-1000 € (durchschnittlich ca. 930 €)
Zuchtclubs im VDH:
Verein für Pointer und Setter
Gordon-Setter-Club Deutschland

Greyhound

FCI-Nr.: 158/10.3
Herkunftsland: Großbritannien
Größe: Rüde: 71-76 cm,
Hündin: 68-71 cm
Gewicht: ohne Angabe

Der Greyhound ist für viele Menschen der Inbegriff des Windhundes: stromlinienförmiger Körper, kurzes, glattes Fell, das jedes Muskelspiel erkennen lässt und ein aristokratisches, vornehm zurückhaltendes Wesen.

Greys sind sehr angenehme Hausgenossen: Sie sind nie aufdringlich und aufmerksamkeitsheischend, aber trotzdem zärtliche und treue Familienmitglieder. Gerne liegen sie etwas erhöht und können so sehr lange dösen oder das Familiengeschehen beobachten.

Draußen im Freien zeigen sie dann eine ganz andere Seite: Hier drehen sie richtig auf und können sehr leicht auch mal davon sprinten, wenn irgend etwas ihren Hetztrieb geweckt hat. Entgegen der landläufigen Meinung sind Greys aber durchaus zum Gehorsam zu erziehen. Erhöhte Vorsicht ist in wildreichen Gebieten immer geboten, denn in unserem dicht besiedelten Land endet die Jagd leider nur zu oft an einem Bahngleis, auf der Straße oder durch die Kugel eines Feldschützen.

Greys brauchen keine stundenlangen täglichen Gewaltmärsche. Ein gelegentliches Austoben und Rennen genügt ihnen in der Regel. Wobei man hier natürlich auch vor das Dilemma gestellt wird: Ist der Hetztrieb erst einmal auf der Rennbahn oder beim Coursing geweckt, ist es natürlich schwieriger, dem Hund klar zu machen, dass er beim normalen Spaziergang plötzlich nicht mehr weg rennen darf.

In der Zucht wird – in Großbritannien noch mehr als bei uns – zwischen Showgreys und Renngreys unterschieden. Soll ihr Hund lediglich ein Familienmitglied und Begleiter sein, so ist es mit Sicherheit besser, einen Welpen aus einer reinen Showlinie zu nehmen. Sollten Sie allerdings dazu entschlossen sein, Windhundesport zu betreiben, so bekommt auch ein Renngrey bei den regelmäßigen Trainings- und Wettläufen genug Gelegenheit, seiner Leidenschaft zu frönen.

Greyhounds.

Greyhounds sind für ihre Größe noch recht robuste Hunde. Die rigorose Leistungsauslese schuf harte und wenig anfällige Tiere. Allerdings kommen ab und zu Verletzungen vor, entweder der zarten Haut oder auch der Knochen und Bänder. Auch sind die Tiere ziemlich kälteempfindlich, sollten also im Winter nicht zu lange im Freien verharren müssen. Greys vertragen Barbiturat-Narkosen oft sehr schlecht. Vor entsprechenden Eingriffen sollten Sie abklären, ob Ihr Tierarzt Erfahrung mit Narkosen bei Windhunden hat.

In Deutschland ist das Wetten bei Hunderennen verboten. In England und Spanien allerdings, wo es um hohe Summen geht, werden jedes Jahr viele Greys – zu alte oder ungeeignete – ausgemustert und oft auf grausame Weise getötet. Mittlerweile gibt es verschiedene Organisationen, die sich um die Vermittlung dieser unglücklichen Hunde kümmern.

Monatliche Futterkosten: ca. 50-75 €
Lebenserwartung: ca. 10 Jahre
Welpenpreis: ca. 750 €
Zuchtclubs im VDH:
Deutscher Windhundzucht- und Rennverband (DWZRV)

Hovawart

FCI-Nr.: 190/2.2
Herkunftsland: Deutschland
Größe: Rüde 63-70 cm,
Hündin 58-65 cm
Gewicht: ohne Angabe
Der Hovawart in seiner heutigen Form ist eine recht junge Rasse, die gezielt als Schutz- und Gebrauchshund gezüchtet wurde. Und das ist er auch. Ein Hovawart muss arbeiten oder zumindest beschäftigt werden. Vor allem Rüden können sehr dominant werden und auch die Hündinnen lassen sich nicht so leicht den Schneid abkaufen. Auch wenn so mancher unbedarfte Passant einen blonden Hovawart für einen Golden Retriever hält, steckt doch ein ganz anderes Potential unter seiner Jacke. Achten Sie bei der Auswahl des Züchters unbedingt auf freundliche und nervenstarke Elterntiere!

Hovawarts sind recht spätreif. Oft sind sie bis zum zweiten Lebensjahr noch tapsig-verschmuste Schoßhündchen, fangen dann plötzlich an zu knurren, wenn ihnen etwas nicht passt oder sie einen gleichgeschlechtlichen Hund auf der Spielwiese treffen. Diese Anzeichen eines beginnenden Dominanzstrebens gilt es zu erkennen und den Hund mit freundlichem Nachdruck auf seinen Platz zu verweisen. So mancher Hovawartrüde musste abgegeben oder gar eingeschläfert werden, weil seine Besitzer auf einmal nicht mehr mit ihrem bisher so gutmütigen Hund zurecht kamen.

Sehr viele Hovawarts sind außerdem äußerst ungnädig mit fremden Hunden. Lassen Sie sich auf jeden Fall beim geringsten Problem von Fachleuten aus Ihrem Club beraten, um ein Eskalieren der Situation zu vermeiden! Ist dem Hovi allerdings sein Platz im Familienrudel klar, so kann man sich jederzeit auf ihn verlassen. Er ist ein begeisterter Begleiter bei sämtlichen Aktivitäten und liebt es, seine Menschen um sich zu haben. Außerdem ist er ein wirklich vorzüglicher Wachhund, der seine Aufgabe absolut ernst nimmt! Nomen est omen: Sein Name stammt von dem altdeutschen Wort für Hofwart ab.

Dank strenger Zuchtbestimmungen des größten deutschen Hovawart-Zuchtklubs sind kaum Erbkrankheiten verbreitet. Wie bei allen größeren Hunderassen sollte man auf HD-Freiheit der Elterntiere achten!

Monatliche Futterkosten: ca. 35 €
Lebenserwartung: ca. 12 Jahre
Welpenpreis: 900-1000 €
Zuchtclubs im VDH:
Rassezuchtverein für Hovawart Hunde (RZV) legt großen Wert auf Erhalt des Gebrauchshundewesens
Hovawart-Zuchtgemeinschaft Deutschland (HZG) fördert den Hovawart als Familienhund
Hovawart-Club

Irish Setter

FCI-Nr.: 120/7.2
Herkunftsland: Irland
Größe: ohne Angabe (ca. 55-65 cm)
Gewicht: ohne Angabe
Für viele Menschen ist diese Rasse der Traumhund schlechthin. Der Irische Setter ist wirklich ein Augenschmaus mit seinem seidigen, leuchtend roten Fell und dem seelenvollen Blick. Er vereint ein dem Menschen gegenüber äußerst sanftes Wesen, wobei manche Rüden auch recht dominant sein können, mit lebhaftem Temperament: Der

Hovawart.

Irish Setter.

Setter ist und bleibt ein Jagdhund. Das haben auch Generationen an Schönheitszucht nicht verändert.

Die meisten Setter sind auf dem Spaziergang ständig auf dem Sprung. Ohne soliden Grundgehorsam sollte man sie nicht von der Leine lassen. Gemütliche Sonntagsspaziergänge sind in der Regel erst möglich, wenn ein Setter im Greisenalter ist! Die Rasse braucht Bewegung, gerne am Fahrrad und vor allem eine Beschäftigung. Dies muss nicht unbedingt eine jagdliche Ausbildung, sondern kann auch Agility, Obedience oder eine entsprechende Aktivität aus dem Hundesport sein. Fünfzehn Minuten Denkarbeit ermüden einen Hund oft mehr als ein dreistündiger Spaziergang!

Ein so geforderter und ausgelasteter Setter ist auch im Haus ein ruhiger und angenehmer Gesellschafter. Überlegen Sie es sich gut, bevor sie einen dieser wunderschönen, aber auch anspruchsvollen Hunde zu sich nehmen, denn als hübscher Blickfang sind sie wirklich zu schade. Außerdem kann ein gelangweilter und unerzogener Setter sich zu einer wahren Nervensäge entwickeln. Und letztendlich ist es immer der Hund, der dann den Kürzeren zieht!

Setter können sensibel auf Futterumstellungen reagieren. Sie sind außerdem relativ tumoranfällig. Nach der Kastration entwickeln sowohl Hündinnen als auch Rüden ein unschönes, wolliges Fell. Viele werden auch träge und neigen dann zum Dickwerden. Hündinnen werden oft inkontinent. Aus diesem Grund sollte dieser Eingriff beim Setter nur aus wichtiger medizinischer Indikation durchgeführt werden.

Monatliche Futterkosten: ca. 50 €
Lebenserwartung: 10-15 Jahre
Welpenpreis: ca. 750 €
Zuchtclubs im VDH:
Irish Setter Club
Verein für Pointer und Setter

Beide Vereine fördern jagdliche Anlagen, betreuen aber auch Züchter ohne jagdliche Ambitionen

Irish Soft Coated Wheaten Terrier

FCI-Nr.: 40/3.1
Herkunftsland: Irland
Größe: Rüde 46-48 cm, Hündin etwas kleiner
Gewicht: Rüde 16-18 kg, Hündin etwas weniger
Der Irish Soft Coated Wheaten Terrier (ISCWT) ist ein waschechter Terrier, auch wenn er fast ein bisschen an einen Hütehund erinnert. Sein seidiges, weiches Fell unterscheidet ihn von den meisten anderen Terrierrassen, die noch dazu durch spezielle Trimmformen sehr harte, kantige Konturen aufweisen.

Doch in seiner Brust schlägt ein echtes Terrierherz: mutig, schneidig, verspielt und lebhaft. Diese aufgeweckten Hunde möchten überall dabei sein, wo etwas los ist und sind für sportliche Aktivitäten jederzeit zu haben. Dabei sind sie nicht ganz so rüpelhaft wie ihre nahen Verwandten, die Irish und die Kerry Blue Terrier. Dennoch brauchen auch sie eine gewissenhafte Sozialisierung, vor allem mit anderen Hunden. Sie eignen sich sehr gut als Begleiter für Agility, Brei-

Irish Soft Coated Wheaten Terrier.

Irish Terrier.

tensport, Jogging oder einfach ausgedehnte Wanderungen.

Die Fellpflege ist beim ISCWT ein sehr wichtiges Kapitel. Gewöhnen Sie bereits den Welpen daran, sich ohne Murren bürsten und vor allem auch kämmen zu lassen. Zusätzlich ist ein Trimming alle zwölf Wochen erforderlich, um das Fell in Form zu halten. Versäumen Sie dies, enden Sie unweigerlich mit einem total verfilzten Hund, bei dem dann nur noch die Schermaschine hilft und das kann eine lange und schmerzhafte Prozedur sein!

Für die Rudelhaltung eignet sich der ISCWT wie die meisten Terrier nur bedingt. Oft kann es unter gleichgeschlechtlichen Hunden zu heftigen Rangordnungskämpfen kommen. In manchen Linien kommen erbliche Nierenerkrankungen vor.

Monatliche Futterkosten: ca. 40 €
Fellpflegekosten: ca. 140 €/Jahr
Lebenserwartung: ca. 12-16 Jahre
Welpenpreis: 800-900 €
Zuchtclubs im VDH:
Klub für Terrier (KfT)

Irish Terrier

FCI-Nr.: 139/3.1
Herkunftsland: Irland
Größe: ca. 46 cm
Gewicht: Rüde ca. 12 kg, Hündin ca. 11 kg

Seinen Spitznamen „dare devil", also Teufelskerl trägt der rote Ire zu Recht: Er ist ein Terrier, wie er im Buche steht. Seinen menschlichen Familienmitgliedern zärtlich zugetan, ist er dennoch – vor allem die Rüden – schnell für eine Rauferei zu haben. Er braucht Besitzer, die ausgleichend auf ihn einwirken können. Für nervöse Zeitgenossen ist diese Rasse zu aufreibend. Für Anfänger eignet sich eine Hündin meist besser, weil sie etwas leichter zu erziehen ist und auch weniger Dominanzstreben zeigt als ein Rüde.

Wer Spaß an körperlicher Betätigung wie Jogging, Inline-Skaten oder Fahrrad fahren hat, vielleicht sogar an Hundesportarten wie Agility Geschmack findet, kann mit diesem drahtigen Begleiter gut beraten sein. Haben Ihre Kinder Freude an Meerschweinchen, Zwergkaninchen oder Hamstern, ist der Irish Terrier vielleicht keine ganz so glückliche Wahl. Zu tief steckt ihm noch der Arbeitsterrier im Blut. Unversehens könnte dieses Erbe durchbrechen und ihn blitzschnell so ein kleines Nagetier greifen lassen. Kurzum, er ist kein Hund, der sich sämtlichen Gegebenheiten ohne Widerrede anpasst.

Eine gesunde Portion Schneid und Eigenwilligkeit stellen doch gewisse Anforderungen an Geduld, Einfühlungsvermögen und Konsequenz seines zukünftigen Besitzers. Wer diese Eigenschaften jedoch mitbringt, wird mit einer zauberhaften Hundepersönlichkeit belohnt, die mit ihrer Familie durch Dick und Dünn geht.

Beim Irish Terrier wurden Blasensteine und Nierenerkrankungen beschrieben. Generell handelt es sich aber um eine recht robuste Rasse. Regelmäßiges fachgerechtes Trimmen (entweder selbst erlernt bei einem vom KfT organisierten Trimmkurs oder von einem Profi durchgeführt) fördert die Hautgesundheit und lässt den Iren adrett und rassetypisch aussehen! Nicht jeder Hundesalon ist übrigens mit dem korrekten Trimmen der einzelnen Terrierrassen vertraut. Wenden Sie sich im Zweifelsfall an Ihren Züchter oder die Landesgruppe des KfT, die Ihnen entsprechende Adressen nennen wird!

Monatliche Futterkosten: ca. 40 €
Fellpflege: ca. 45 € (2-4 monatlich)
Lebenserwartung: 12-15 Jahre
Welpenpreis: ca. 800-1000 €
Zuchtclubs im VDH:
Klub für Terrier (KfT)

Irish Wolfhound

FCI-Nr.: 160/10.2
Herkunftsland: Irland
Größe: Rüde: mindestens 79 cm, Hündin: mindestens 71 cm. Ansehnliche Größe, die das Minimalmaß übersteigt, ist wünschenswert, wenn der Hund ausbalanciert und gut proportioniert ist.
Gewicht: ohne Angabe

Der Irische Wolfshund ist eine imposante Erscheinung, die unwillkürlich alle Blicke auf sich zieht. Mit ihm durch die Straßen zu flanieren, garantiert einem ehrfürchtig beiseite weichende Passanten und so manch bewundernden, aber auch ängstlichen bis unwirschen Blick.

Dies ist aber als Motivation zur Anschaffung eines Iren nicht ausreichend. Zwar sind Irische Wolfshunde tatsächlich sanfte Riesen, die meist einen wundervollen Charakter besitzen. Viele Menschen sind allerdings mit der ganz profanen Logistik dieser großen Tiere schlicht überfordert. Vieles muss bedacht werden:

Während der Aufzucht benötigen Irische Wolfshunde eine ausgetüftelte Ernährung. Billigfutter aus dem Supermarkt oder gar Tischabfälle kann bei den Hunden, die bis zu neun Zentimeter im Monat wachsen, nicht wieder gut zu machende Knochen- und Gelenkstörungen provozieren.

Auch die Bewegung sollte in der Wachstumsphase genau überwacht werden. Zuviel Toben oder Treppensteigen ist nicht gesund und einen Junghund dieser Rasse trägt man nicht mal eben viermal täglich in den dritten Stock.

Linke Seite: Irish Wolfhound.

Davon abgesehen sollte man sowieso ein Haus mit eingezäuntem Garten haben, um dem Platzbedürfnis dieser Hunde gerecht zu werden.

Ist der Wolfshund dann erst ausgewachsen, so muss er regelmäßig bewegt werden und auch ab und zu Gelegenheit zum gestreckten Lauf erhalten, um gesund zu bleiben. Eine Hüft- und Herz-Kreislaufuntersuchung sollte dem Konditionstraining unbedingt voran gehen. Natürlich sollte auch Ihr Auto auf die Maße des Hundes ausgerichtet sein.

Es gibt also einige Dinge, die man überdenken sollte, bevor man sich entschließt, sein Leben und sein Haus mit einem Irischen Wolfshund zu teilen. So vierschrötig die Hunde nach außen wirken mögen, so sensibel und zart besaitet sind sie, wenn es um die Liebe und Zuwendung ihres Herrn geht. Harte Worte vertragen sie schlecht und einen solchen Hund wieder abzugeben, weil es doch aufwendiger ist als man es sich vorgestellt hatte, ist sehr grausam.

Leider werden Irish Wolfhounds nicht sehr alt. Dies und auch ihre schwierige Aufzucht ist auf die extreme Größe zurückzuführen, die die Hunde im Erwachsenenalter erreichen sollen. Im Zweifelsfall entscheiden Sie sich lieber für einen Welpen, dessen Vorfahren nicht ganz so groß sind, dafür aber ein etwas höheres Alter bei guter Gesundheit erreicht haben.

Monatliche Futterkosten: ca. 90 €
Lebenserwartung: ca. 8 Jahre
Welpenpreis: ca. 1300 €
Zuchtclubs im VDH:
Deutscher Windhundzucht- und Rennverband (DWZRV)

Kromfohrländer

FCI-Nr.: 192/9.11
Herkunftsland: Deutschland
Größe: 38-46 cm
Gewicht: ohne Angabe

Der Kromfohrländer ist eine recht junge deutsche Hunderasse, die erst 1955 anerkannt wurde. Er wurde nie mit dem Ziel besonderer Leistungen selektiert, sondern als ausgeglichener, fröhlicher Begleithund. Dies scheint er tatsächlich zu sein und seine mittlere Größe sowie sein pflegeleichtes Fell prädestinieren ihn zum unkomplizierten Familienhund. Nur selten wird er als Rassehund erkannt.

Fremden gegenüber ist er etwas zurückhaltend. Auch Kinder, wenn er nicht mit ihnen aufgewachsen ist, können ihm unter Umständen zu zudringlich werden. Auch wenn verschiedene Jagdhunderassen an seiner Entstehung beteiligt waren, soll der Kromfohrländer keinen starken Jagdtrieb besitzen.

Für sportliche Aktivitäten begeistert er sich. Man kann ihn sehr gut in Agility, Obedience und ähnlichen Hundesportarten führen. Es gibt den Kromfohrländer in verschiedenen Haararten. Naturgemäß ist der kurzhaarige der pflegeleichteste, lang- und rauhaarige sind etwas aufwendiger. Außerhalb Deutschlands ist diese Rasse bis auf eine größere Population in Finnland so gut wie unbekannt und

Kromfohrländer.

selbst hierzulande trifft man auf sie eher selten. Bis auf gelegentlich auftretende Harnsteine sind keine gesundheitlichen Probleme beim Kromfohrländer bekannt.

Monatliche Futterkosten: ca 25 €
Lebenserwartung: ca. 12 Jahre
Welpenpreis: 700 €
Zuchtclubs im VDH:
Rassezuchtverein der Kromfohrländer

Kuvasz

FCI-Nr.: 54/1.1
Herkunftsland: Ungarn
Größe: Rüde 71-75 cm,
Hündin 66-70 cm
Gewicht: Rüde 40-52 kg,
Hündin 30-42 kg

Der Kuvasz besticht durch seine Schönheit und Größe, und leider ist er ein typisches Beispiel dafür, wie groß die Diskrepanz zwischen Schein und Sein bei manchen Hunderassen ist. Er wirkt auf den unbedarften Betrachter wie ein ruhiger, gemütlicher Eisbär, der nichts lieber mag, als sich von Kindern kraulen zu lassen.

Man sieht diesem Hund nicht an, dass seine Vorfahren in der Ungarischen Puszta große Herden gegen die Angriffe von zwei- und vierbeinigen Räubern schützten, oft unter Einsatz ihres Lebens. Misstrauen gegen Fremde, ein ausgeprägtes Selbstbewusstsein und eine solide Grundschärfe sind auch heute noch sehr vielen Kuvasz zu eigen.

Der Kuvasz ist kein Hund für Anfänger. Für seine Erziehung sollte man sich schon einige theoretische und möglichst auch praktische Kenntnisse der Hundepsychologie – am besten speziell der Herdenschutzhunde – angeeignet haben. Sie brauchen die richtige Mischung aus Geduld und Unnachgiebigkeit, um sich den Respekt und das Vertrauen des Kuvasz zu verdienen. Sehr schnell erkennen vor allem die Rüden Unsicherheit und Nachgiebigkeit und nutzen diese Schwächen meist auch aus, um sich selber zum Boss aufzuschwingen.

Besonders wichtig ist es auch, Welpen und Junghunde viele positive Erfahrungen mit Mensch und Tier sammeln zu lassen, um das natürlich vorhandene Misstrauen nicht noch zu schüren. Hat der Kuvasz einmal die Rangordnung in der Familie akzeptiert, so ist er ein absolut loyaler und zuverlässiger Familienhund, der zudem ein zuverlässiger Wächter und Schützer der ihm anvertrauten Menschen und Dinge ist. Die Kinder seiner Menschenfamilie liebt er sehr, sollte aber dennoch nie alleine mit ihnen spazieren gehen. Die Anschaffung eines Kuvasz-Welpen sollte wohl erwogen werden und keineswegs aus einer Laune heraus erfolgen. Die Tierheime und Notvermittlungsstellen sind leider voll mit Herdenschutzhunden, die ihren Besitzern über den Kopf gewachsen sind.

Bis auf die bei großen Rassen leider häufigen Gelenksprobleme ist der Kuvasz eine gesundheitlich recht robuste Rasse. Kälte erträgt er besser als Hitze.

Monatliche Futterkosten: ca. 50-75 €
Lebenserwartung: ca. 12 Jahre

Kuvasz.

Welpenpreis: ca. 900 €
Zuchtclubs im VDH:
Klub für Ungarische Hunderassen
Kuvasz-Freunde
Kuvasz-Vereinigung Deutschland

Labrador Retriever

FCI-Nr.: 122/8.1
Herkunftsland: Großbritannien
Größe: Rüde 56-57 cm,
Hündin 54-56 cm
Gewicht: ohne Angabe
Der Labrador gehört weltweit zu den beliebtesten Hunderassen. Auch in Deutschland fand er im Lauf der letzten 15 Jahre weite Verbreitung. Er ist ein wirkliches Allroundtalent, wird unter anderem als Jagdhund, Rettungshund, Drogen- und Sprengstoffsuchhund und als Blindenhund eingesetzt.

Außerdem bewährt er sich tausendfach als loyaler, immer freundlicher Familienhund mit einem starken Nervenkostüm. Er ist gutmütig mit Kindern, spielt und tobt unermüdlich und verträgt sich normalerweise auch gut mit anderen Hunden. Labradors lieben Wasser. Keine Gelegenheit zu einem kleinen Bad bleibt ungenützt. Sie sind intelligent, lassen sich leicht erziehen und schmusen für ihr Leben gerne. Wenn man dem Labrador überhaupt etwas nachsagen kann, dann ist es seine Jagdleidenschaft, die ihn während eines Spazierganges schon mal durchbrennen lässt.

Da die Nachfrage nach Labrador-Welpen in den letzten Jahren deutlich angestiegen ist, ist es sehr wichtig, sich einen Hund aus seriöser Zucht zu nehmen, auch wenn hier die Wartezeit für einen Welpen mitunter etwas länger sein kann. Schlecht sozialisierte Welpen aus Massenzuchten können unter Umständen ängstlich oder übernervös sein – beides für den Labrador absolut untypische und unerwünschte Eigenschaften!

Achten Sie vor allem auf HD- und ED-freie Elterntiere, weil dies in der Rasse recht häufige Erkrankungen sind. Vor allem die gelben Labradors können zu Allergien neigen, die sich in Juckreiz und Haut- sowie Ohrenentzündungen äußern. Halten Sie Ihren Hund außerdem immer schlank. Labradors sind begeisterte Fresser und nehmen sehr schnell zu, was sich negativ auf ihre Gesundheit auswirken kann.

Monatliche Futterkosten: ca. 40 €
Lebenserwartung: ca. 12 Jahre
Welpenpreis: ab ca. 1050 €
Zuchtclubs im VDH:
Deutscher Retriever Club (DRC)
Labrador Club Deutschland

Landseer

FCI-Nr.: 226/2.2
Herkunftsland: Deutschland/Schweiz
Größe: Rüde: 72-80 cm,
Hündin: 67-72 cm
Gewicht: ohne Angabe
Der Landseer ist mit dem bekannteren Neufundländer verwandt. Er ist in Deutschland nicht weit verbreitet. Dafür hat er eine solide Fangemeinde, die ihm konstant die Treue hält.

Es gibt beim Landseer ziemliche Varianzen, was den Körperbau und das Temperament angeht: Der leichtere

Labrador Retriever.

und meist auch kleinere Schlag eignet sich besser als Sporthund. Der schwerere Landseer ist weniger temperamentvoll und bewegungsfreudig.

Wenn Sie sich für den Landseer interessieren, so sprechen Sie vorher mit verschiedenen Züchtern über Ihren eigenen Aktivitätsgrad, um abzuklären, zu welchem Typ Sie am besten passen. Generell sind Landseer sehr menschenfreundliche Hunde, die zwar Ihr Terrain bewachen, aber nicht den starken Protektionstrieb der Herdenschutzhunde an den Tag legen. So stellen Sie eine Alternative für die Menschen dar, denen das imposante Erscheinungsbild eines Kuvasz oder Pyrenäenberghundes gefällt, deren spezifische Verhaltensanlagen aber nicht als geeignet erscheinen.

Es darf allerdings nicht unerwähnt bleiben, dass auch ein Landseer allein seiner Größe wegen eine solide Grunderziehung und konsequente Eingliederung ins menschliche Rudel braucht, um zu einem angenehmen Mitglied der Familie und der menschlichen Gesellschaft zu werden.

Wie alle sehr großen, langhaarigen Hunde sollte der Landseer jederzeit die Möglichkeit haben, sich auch im Freien aufzuhalten, wobei er aus freien Stücken sicher immer die Nähe zu seinen Menschen suchen wird. Manche Landseer werden als Wasserrettungshunde ausgebildet. Als Trümmer- oder Lawinensuchhunde eignen sich jedoch nur die leichteren Schläge – und auch für diese gibt es geeignetere Jobs.

Viele Landseers sind Wasserratten und apportieren gerne Gegenstände aus dem Wasser. Auch werden viele von ihnen, bei entsprechender Heranführung und Gewöhnung, den Kinderschlitten oder ein Wägelchen bei einem gemütlichen Spaziergang ziehen. Solche Unternehmungen sind eher nach dem Geschmack des schweren Typs als stundenlange Bergwanderungen oder Joggingbegleitung.

Im Allgemeinen sind Landseers recht pflegeleicht, regelmäßige Ohrkontrolle und auch wöchentliches Bürsten, während des Haarwechsels häufiger, sollten selbstverständlich sein.

Die gesundheitlichen Schwachstellen liegen beim Landseer wie bei den meisten großen und schweren Hunderassen im Bereich der Gelenke und des Herz-Kreislaufsystems.

Monatliche Futterkosten: ca. 70 €
Lebenserwartung: ca. 12 Jahre
Welpenpreis: ca. 750-1000 €
Zuchtclubs im VDH:
Deutscher Landseer Club (DLC)
Verein von Landseerfreunden und -züchtern in Deutschland (VLD)

Landseer.

Leonberger.

Leonberger

FCI-Nr.: 145/2.2
Herkunftsland: Deutschland
Größe: Rüde 72-80 cm (ideal 76 cm), Hündin 65-75 cm (ideal 70 cm)
Gewicht: ohne Angabe

Der Leonberger wurde als imposanter Haus- und Begleithund gezüchtet, der optisch dem Löwen im Wappen seiner Heimatstadt Leonberg bei Stuttgart ähneln sollte. Seine Ahnen sind der schwarz-weiße Neufundländer und der Bernhardiner. Es wurden auch Pyrenäenberghunde eingekreuzt.

Wie die beiden erst genannten Rassen ist der Leonberger ein menschenfreundlicher, ruhiger Hund, der bei Bedarf durchaus auch Wach- und Schutzpotential, möglicherweise durch sein Herdenschutzhunderbe bedingt, entwickeln kann. In aller Regel liebt der Leonberger die Kinder seiner Familie über alles, sollte aber wie jeder große Hund trotzdem nicht unbeaufsichtigt mit ihnen und ihren Spielkameraden gelassen werden.

Eine konsequente Erziehung und Einordnung ins menschliche Rudel ist auch beim Leonberger elementar für ein erquickliches Zusammenleben. Auch der seelenvollste Leonberger kann durch seine imposante Größe und sein tatsächlich löwenhaftes Erscheinungsbild mit der schwarzen Maske hundeängstliche Mitmenschen einschüchtern. Achten Sie also darauf, dass niemand grundlos durch Ihren Riesen in Angst und Schrecken versetzt wird, denn dies wirft ein schlech-

Mops.

tes Bild auf alle Hunde! Versuchen Sie lieber, mit einem gut erzogenen und souveränen Tier Öffentlichkeitsarbeit zu betreiben.

Man liest immer wieder, dass Leonberger keinen Jagdtrieb hätten. Dies kann aber bei keiner Rasse verallgemeinert werden. Es gibt durchaus auch Leonberger, die Wild hetzen. Schenken Sie also auch diesem Teil der Erziehung die entsprechende Beachtung!

Leonberger benötigen eine sehr sorgfältige Aufzucht. Um Folgeschäden zu vermeiden, sollte der Bewegungsapparat nicht zu früh überlastet werden. Er braucht bis er ausgewachsen ist qualitativ hochwertiges Spezialfutter und mehrere Halsband- und Leinengarnituren, die nicht billig sind. Beim ausgewachsenen Tier hält sich der Bewegungsdrang in Grenzen. Gewaltmärsche, vor allem im Sommer, sportliche Höchstleistungen bei Agility und ähnliche Aktivitäten sind sicherlich für leichtere und kleinere Rassen besser geeignet. Leos sind leider recht krankheitsanfällig. Viele werden nicht älter als sieben Jahre.

Monatliche Futterkosten: ca. 60 €
Lebenserwartung: ca. 8-10 Jahre (eher weniger)
Welpenpreis: 1000 €
Zuchtclubs im VDH:
Deutscher Club für Leonberger Hunde

Mops

FCI-Nr.: 253/9.12
Herkunftsland: Großbritannien
Größe: bis 32 cm
Gewicht: 8-14 kg
Der Mops erlebte nach Jahrzehnten stiefmütterlichen Daseins einen Aufschwung. Heute ist es wieder in, einen Mops zu halten und tatsächlich sind diese putzigen Hunde wunderbare Gesellschafter. Gut gelaunt, freundlich und ausgeglichen begleiten sie ihren Besitzer gerne überallhin.

Sportskanonen sind Möpse freilich keine. Dies liegt weniger an ihrem Körperbau, der so unsportlich nicht ist, sondern an ihrem verkürzten Fang, der mit diversen Atemproblemen einhergehen kann. Vor allem im Sommer muss der Mops vor allzu großer Hitze geschützt werden – besonders als Welpe, der oft ziemlich temperamentvoll sein kann. Bei nicht allzu hohen Temperaturen ist der Mops aber auch bei längeren Wanderungen begeistert dabei.

Tun Sie Ihrem Mops einen Gefallen und halten ihn schlank. Dies wirkt sich sehr positiv auf seine Lebensqualität aus. Außerdem ist ein gemästeter Mops wirklich kein schöner Anblick! Ein Mops, der gut in Form ist, wird mit seinem samtweichen Fell und seinem zauberhaften Charme schnell die Herzen der Menschen erobern, mit denen er zu tun hat. Viele Möpse schnarchen im Schlaf und bei Aufregung.

Achten Sie bei der Züchterauswahl darauf, dass die Hunde munter, lebhaft und agil sind und gerade Läufe aufweisen. Im Zweifelsfall wählen Sie eher ein Tier mit etwas längerer Nase, auch wenn es auf einer Ausstellung geringere Chancen hätte. Etwas mehr Kontrolle als bei den meisten anderen Rassen benötigen die Augen des Mopses. Sie sollten regelmäßig auf Hornhautverletzungen oder Reizungen untersucht werden. Wie bei allen kurzköpfigen Rassen kann es auch beim Mops durch Kopftraumata leichter zum Augapfelvorfall kommen.

Monatliche Futterkosten: ca. 20 €
Lebenserwartung: 12-14 Jahre
Welpenpreis: ca. 770-2000 € (je nach Züchter/Zuchtclub sehr unterschiedlich)
Zuchtclubs im VDH:
Deutscher Mopsclub
Verband Deutscher Kleinhundezüchter (VK)

Neufundländer

FCI-Nr.: 50/2.2
Herkunftsland: Kanada
Größe: Rüde ca. 71 cm, Hündin ca. 66 cm
Gewicht: Rüde ca. 68 kg, Hündin ca. 54 kg

Neufundländer sind ausgesprochene Gemütshunde, sie lieben es, auf einem Platz in ihrem Revier zu „thronen" und das Geschehen in Haus und Hof zu beobachten. Selten einmal wird man einen hektischen oder nervösen Neufi erleben, diese Wesenszüge sind den sanften Kolossen (zum Glück) fremd.

Ihre Haltung bereitet auch in der Regel nicht wegen ihres Wesens, das sehr freundlich und unkompliziert ist, Probleme, sondern wegen ihrer enormen Größe und ihres Gewichtes. Wer sich unüberlegt einen der knuffigen Welpen zulegt, wird unter Umständen schnell realisieren, dass dieser Hund doch nicht so recht in sein Umfeld passt. Leider landeten schon spontan angeschaffte Neufundländer im Tierheim, da sie ihren Besitzern regelrecht über den Kopf gewachsen waren. Und dies bezieht sich nur auf die körperlichen Ausmaße, denn ihr Charakter gehört mit zu den menschenfreundlichsten im Hundereich. Auch mit Artgenossen und anderen Tieren verstehen sie sich normalerweise sehr gut. Ein größeres Anwesen oder zumindest ein gut zugänglicher Garten sind also Mindestvoraussetzungen zur Haltung eines Neufis.

Wenn Sie ihm dann noch die Möglichkeit zum Schwimmen, vielleicht sogar zur Wasserarbeit (wird über die entsprechenden Rasseklubs organisiert) bieten können, ist er ganz in seinem Element.

Allzu penibel sollten Sie nicht sein, ein Neufundländer kann eine Menge Schmutz ins Haus schleppen, viele Hunde sabbern und während des Haarwechsels fällt einiges an Pflege-

Papillons.

aufwand an. Außerdem entwickeln viele Neufundländer im Erwachsenenalter einen mehr oder weniger intensiven Eigengeruch, der empfindliche Nasen abschrecken könnte. Er ist der richtige Hund für freundliche, gemütliche Menschen mit viel Platz, einem großen Auto und einem Herz für „bärige“ Hunde.

Gesundheitliche Schwachstellen sind ihr Herz, die Hüftgelenke und die Haut. Viele Neufundländer sind sehr hitzeempfindlich, sie sollten vor allem im Sommer immer ein schattiges, kühles Plätzchen haben! Vermeiden Sie jegliches Übergewicht bei Ihrem Hund. Manche Neufis sind narkoseempfindlich; fragen Sie Ihren Tierarzt, ob er Erfahrung mit dieser Rasse hat.

Linke Seite: Neufundländer.

Monatliche Futterkosten: ca. 60 €
Lebenserwartung: ca. 10 Jahre
Welpenpreis: 950-1200 €
Zuchtclubs im VDH:
Deutscher Neufundländer-Klub (DNK)
Verein von Neufundländer-Freunden und –Züchtern in Deutschland (VND)

Papillon, Phalène, Kontinentaler Zwergspaniel

Epagneul nain continental

FCI-Nr.: 77/9.10
Herkunftsland: Frankreich/Belgien
Größe: ca. 28 cm
Zwei Gewichtsklassen:unter 2,5 kg
Rüde 2,5-4,5 kg, Hündin 2,5-5 kg

Der Papillon und der Phalène sind muntere kleine Schoßhündchen, die hervorragend für ältere Menschen geeignet sind. Sie sind aufgeweckt und extrem anhänglich, dabei sehr anpassungsfähig und auch gut zu mehreren zu halten. Schon vor vielen hundert Jahren waren Zwergspaniels beliebte Gesellschaftshunde des Adels.

Früher kannte man nur die hängeohrige Variante, die dem heutigen Phalène entspricht. Erst im 19. Jahrhundert entstanden vermutlich durch Einkreuzungen von Zwergspitzen und Chihuahuas stehohrige Zwergspaniels. Diese sind heute wesentlich beliebter und verbreiteter.

Man sagt dem Papillon mit den üppig befederten Ohren ein temperamentvolleres und auch bellfreudigeres Wesen nach als dem Phalène. Auch Kopf- und Körperform des Papillon erinnern manchmal an Chis oder Zwergspitze. Beide Schläge sind sehr sensible Tierchen, nicht geeignet für grobmotorische Kleinkinderhände. Es gibt definitiv Rassen, die sich besser für raue Kinderspiele eignen und die auch psychisch besser mit derlei Attacken zurecht kommen.

Dabei sind Papillons recht leistungsfähig und auch lerneifrig. Sie halten zum Beispiel bei Wanderungen und auf dem Agility-Parcours problemlos und begeistert mit. Bei entsprechenden Ambitionen sollten Sie sich aber auf jeden Fall für einen Welpen des schwereren Schlages entscheiden.

Auch in Etagenwohnungen sind Zwergspaniels gut zu halten, wobei mehrere Hunde sich allerdings auch eher gegenseitig zum Bellen animieren. Papillons suchen wie eigentlich alle Schoßhunde den engen Kontakt zu ihrem Besitzer. Sie reagieren äußerst sensibel auf unwirsche oder grobe Behandlung.

Es ist sehr wichtig, den Zwergspaniel schlank zu halten. Ein dicker Papillon ist unnötigen gesundheitlichen Belastungen ausgesetzt, die sowohl den Atmungsapparat als auch die Gelenke und hier vor allem die Knie betreffen können. Außerdem ist es unfair, dem lebhaften Kerlchen das Toben und Tollen so zu erschweren und ihn zur Karikatur zu machen!

Mit einem ranken Papillon oder Phalène hingegen wird man meist das Entzücken aller Leute wecken und auch als allein stehender, älterer Hundebesitzer schnell Anschluss zu Gleichgesinnten finden.

Monatliche Futterkosten: ca. 15 €
Lebenserwartung: 12-15 Jahre
Welpenpreis: ca. 750 €
Zuchtclubs im VDH:
Verband für Kleinhunde
Papillon und Phalène-Club Deutschland

Parson Russell Terrier, Jack Russell Terrier

FCI-Nr.: Parson Russell Terrier 339/3.1, Jack Russell Terrier 345/3.2
Herkunftsland: Großbritannien
Größe: Parson Russell Terrier: Rüde 34-38 cm, Hündin 31-35 cm
Jack Russell Terrier: höchstens 30 cm
Gewicht: ohne Angabe

Die ursprünglich als Jack Russell Terrier bekannt und beliebt gewordene Rasse wurde im Sommer 2001 in zwei verschiedene Rassen aufgeteilt, die nun nicht mehr untereinander verpaart werden dürfen: Den hochläufigen originalen Typ, der jetzt als Parson Russell Terrier bezeichnet wird, und den kleineren, fast immer niederläufigen Typ, der jetzt alleine die offizielle Bezeichnung Jack Russell Terrier trägt. Diese Aufteilung wird von den Züchtern nicht nur begrüßt, wird so doch die Zuchtbasis eingeengt.

Die kleinen „Jackies" werden überwiegend als Haus- und Begleithunde, vor allem von Reitern gehalten. Jagdlich geführt werden eher die größeren Parsons. So werden auch ausschließlich sie vom PJRTCD betreut und zu jagdlichen Prüfungen zugelassen.

Jack Russell Terrier.

Parson Russell Terrier.

Der Siegeszug dieser Rasse wurde von den eingefleischten Liebhabern sowieso immer mit einem weinenden und einem lachenden Auge betrachtet. Fürchtete man doch, dass dieser harte, bisher nach reinen Leistungsmaßstäben gezogene Arbeitshund auf Dauer den Weg eines hübschen, aber nutzlosen Ausstellungshundes gehen würde.

Noch sind die Hunde beider Größenschläge recht uneinheitlich im Typ, was ja durchaus seinen Reiz hat. Doch gerade sein Ruf eines unangepassten, draufgängerischen Individualisten in einer handlichen und hübschen Verpackung ließ den Jack Russell Terrier schon fast zum modernen Statussymbol werden.

Jackies und Parsons sind nach wie vor echte Terrier mit viel Raubzeugschärfe, was ihre Haltung mit Katzen einschränkt und mit Heimtieren wie Meerschweinchen, Kaninchen oder Hamstern eigentlich verbietet. Sie lieben wilde Spiele und sind kaum müde zu kriegen.

Daher stellen sie die idealen Gefährten dar für sportliche, aktive Outdoor-Familien, bei denen immer etwas los ist. Man kann einen solch temperamentvollen Terrier aber auch überdrehen. Übertreiben Sie es also nicht mit Spielen, wie dem pausenlosen Bällchenwerfen. Agility hingegen ist eine wunderbare Gelegenheit, den nicht jagdlich geführten PRT und auch den JRT zu beschäftigen und gleichzeitig das Mensch-Hund-Band zu stärken.

Guter Grundgehorsam ist bei dieser Rasse unerlässlich. Die Erziehung stellt den Besitzer oft auf eine harte Geduldsprobe, denn diese Hunde sind äußerst erfinderisch, wenn es darum geht, ihren Willen durchzusetzen! Ihre schnelle Auffassungsgabe macht sie aber auf der anderen Seite sehr gelehrig, und zusammen mit ihrem liebenswerten Charakter erobern sie meist die Herzen ihrer Umgebung im Sturm! Manche Hunde, vor allem Rüden sind rauflustig. Dies sollte man bei der Erziehung stets im Hinterkopf behalten.

Ganz oder fast ganz weiße Welpen sollte man sicherheitshalber auf ihr Hörvermögen testen. Bei beiden Rassen sind recht wenige Krankheiten bekannt. Ab und zu können Augenprobleme und auch Kniescheiben-Luxation auftreten.

Monatliche Futterkosten: ca. 25 €
Fellpflegekosten: (nur Rauhaar) ca. drei- bis viermal jährlich trimmen á ca. 25 € (oder selber lernen)
Lebenserwartung: ca. 15 Jahre
Welpenpreis: 500-750 €
Zuchtclubs im VDH:
Klub für Terrier (KfT) (stärkere Ausrichtung auf Familien- und Ausstellungshunde, richtet keine jagdlichen Prüfungen aus; betreut Parson Russell und Jack Russell Terrier)
Parson Jack Russell Terrier Club Deutschland (PJRTCD) (stärkere Ausrichtung auf Erhalt und Förderung der jagdlichen Anlagen, richtet jagdliche Prüfungen aus, Wesenstest als fester Bestandteil der Zuchtzulassung; betreut nur den Parson Russell Terrier)

Pekinese, Peking-Palasthund

FCI-Nr.: 207/9.9
Herkunftsland: China
Größe: ohne Angabe
Gewicht: Rüde höchstens 5 kg, Hündin höchstens 5,5 kg

Der Pekinese ist kein ganz einfacher Hund. Manchmal muss man froh sein, dass er so klein ist. Er ist ziemlich unabhängig und selbstbewusst und kann kämpfen wie ein Löwe, wenn ihm etwas nicht passt! Natürlich muss sich auch ein Pekinese an bestimmte Regeln halten, und ihm diese beizubringen, gehört zur hohen Kunst der Hundeerziehung.

Einen Pekinesen sollte man keinesfalls aus einer Laune heraus anschaffen, denn er ist in keiner Hinsicht ein unkomplizierter Hund! Sein Fell erfordert hingebungsvolle Pflege und auch sämtliche Körperöffnungen müssen täglich kontrolliert und gegebenenfalls gesäubert werden. Vernachlässigt verfilzt das Fell rasch. Schlimme Hautentzündungen können die Folge sein! Gewöhnen Sie Ihren Pekinesen früh an die Pflegeprozedur, denn ein sich wehrender und windender Hund kann das Bürsten unmöglich machen.

Sind Sie ein eher gemütlicher Zeitgenosse, so könnte ein Pekinese ausgezeichnet zu Ihnen passen. Er braucht nicht viel Auslauf und teilt sicher gerne das Sofa mit Ihnen. Passen Sie aber in jedem Fall auf, dass der Hund nicht zu dick wird. Setzen Sie ihn im Zweifelsfall auf die Waage, da der Pelz so manches Fettpölsterchen kaschiert!

Pekinesen, vor allem die überfütterten, neigen zu schmerzhaften Bandscheibenvorfällen. Auch die bei kurznasigen Rassen weit verbreiteten Atembeschwerden und Augenverletzungen sind beim Pekinesen häufig.

Monatliche Futterkosten: ca. 15-20 €
Lebenserwartung: ca. 14 Jahre
Welpenpreis: ca. 750 €
Zuchtclubs im VDH:

1. Deutscher Pekingesen-Club von 1987

Internationaler Club für Japan Chin, Peking-Palasthunde und King Charles Spaniel 1920

Pekinese.

Pinscher, Deutscher Pinscher

FCI-Nr.: 184/2.1
Herkunftsland: Deutschland
Größe: 43-48 cm
Gewicht: ohne Angabe

Jeder weiß, dass der Pinscher eine Hunderasse ist, doch haben die wenigsten Menschen schon einmal einen solchen Hund in natura gesehen. Eigentlich sind Pinscher nur die glatthaarige Form der Schnauzer, werden aber seit über 100 Jahren als eigene Rasse gezüchtet.

Wie der Schnauzer und viele Terrier wurden die Pinscher früher als Rattenfänger eingesetzt. Außerdem waren sie geschätzte Wachhunde. Noch heute zeichnen sich Pinscher durch Temperament, Mut und ein gewisses Misstrauen Fremden gegenüber aus. In der heutigen Zeit eignen sie sich gut als sportliche Begleithunde, bei denen allerdings Gewicht auf guten Gehorsam und eine frühe Sozialisierung gelegt werden muss. Schwarzrote Pinscher haben sehr viel Ähnlichkeit mit kleineren Dobermännern (sie haben auch an deren Entstehung mitgewirkt). Man sagt ihnen auch ein schärferes Temperament nach als den rotbraunen Rassevertretern.

Gesundheitlich sind diese mittelgroßen, pflegeleichten Hunde unkompliziert. Dieser kernigen Hunderasse ist eine weitere Verbreitung zu wünschen.

Monatliche Futterkosten: ca. 25 €
Lebenserwartung: ca. 12 Jahre
Welpenpreis: ca. 750-800 €
Zuchtclubs im VDH:
Pinscher-Schnauzer-Klub (PSK)

Polski Owcarek Nizinny (PON, Polnischer Niederungshütehund)

FCI-Nr.: 251/1.1
Herkunftsland: Polen
Größe: Rüde 45-50 cm,
Hündin 42-47 cm
Gewicht: ohne Angabe
Der PON war bis weit in die siebziger Jahre des vorigen Jahrhunderts in Deutschland absolut unbekannt. Im Zuge der „Boomer"-Filme stieg die Nachfrage nach dem mittelgroßen, fröhlichen und unkomplizierten Wuschelhund. Rassen wie Bearded Collie, Tibet Terrier und eben der PON wurden populärer und viele Welpen dieser Rassen wurden spontan und unüberlegt angeschafft.

Pinscher.

Zudem wurden auf die gestiegene Nachfrage Welpen gezüchtet, ohne sich um die Qualität der Aufzucht und Sozialisierung und die entsprechende Platzierung zu kümmern. Nun, der PON erlitt nicht ganz so schlimme Modefolgen wie vor allem der Beardie.

Dennoch sollte man sich als Interessent voll und ganz bewusst sein, dass der PON vor nicht allzu langer Zeit noch als harter, leistungsorientierter Hütehund gezüchtet wurde. Er ist sehr auf sein Rudel, auf seine Menschen, bezogen. Fremde liebt er nicht unvoreingenommen.

Eine frühe und sorgfältige Sozialisierung ist sehr wichtig, ebenso wie eine konsequente, aber liebevolle Erziehung. Der PON ist kein aggressiver Hund, weiß aber menschliche Inkonsequenz auszunutzen und kann recht herrisch werden. Er ist sportlich und für viele Aktivitäten zu begeistern. Bei Schmuddelwetter bringt er allerdings auch ziemlich viel Schmutz ins Haus.

Sind Sie ein Liebhaber cremefarbener Teppichböden und weißer Ledersofas, ist die Haltung und Pflege eines PONs für Sie vielleicht doch zu Nerven aufreibend. Auch wenn er sich gerne im Freien aufhält, ist eine Zwingerhaltung für diesen geselligen Hund absolut indiskutabel.

Früher wurden bei vielen PONs die Ruten kupiert. Heute ist dies zum Glück nicht mehr erlaubt und die Mehrheit der PONs hat eine lange Rute. Beim PON sind keine rassespezifischen Erkrankungen verbreitet. Trotzdem sollten die Welpen bis zum Alter von circa einem halben Jahr Treppen hinunter getragen werden,

Polski Owcarek Nizinny (PON)

um keine Gelenk- und Knorpelschäden zu provozieren. PONs sind leidenschaftliche Fresser und gute Futterverwerter. Dies gilt es zu beachten, um Übergewicht und Magen-Darm-Verstimmungen zu vermeiden!

Monatliche Futterkosten: ca. 25 €
Lebenserwartung: ca. 12-15 Jahre
Welpenpreis: ca. 1100 €
Zuchtclubs im VDH:
- Allgemeiner Klub für Polnische Hunderassen
- PON Club Förderungsgemeinschaft für Polski Owcarek Nizinny

Pudel

FCI-Nr.: 172/9.2
Herkunftsland: Frankreich
Größe: Toypudel: bis 27,9 cm
Zwergpudel: 28-34,9 cm
Kleinpudel: 35-44,9 cm
Großpudel: 45-60 cm (heute meist 56-62 cm)
Gewicht: ohne Angabe

Der Pudel zählt zu den beliebtesten Hunderassen weltweit. Er nimmt fast eine Sonderstellung ein und es ist kaum zu glauben, wie sich an ihm die Geister scheiden: Für seine Liebhaber ist er der intelligenteste und treueste Hund überhaupt. Für andere Menschen ist er der Inbegriff des vermenschlichten, künstlichen Schoßtieres.

In Deutschland ist der Pudel nicht mehr der Modehund, der er in den fünfziger Jahren des vorigen Jahrhunderts war. Heute entscheiden sich relativ wenig jüngere Leute oder Familien für einen Pudel. Sein Image als Begleiter älterer, allein stehender Damen schreckt viele Menschen ab – zu Unrecht.

Die mittelgroßen und großen Pudelschläge sind sportliche, fröhliche Hunde, die leicht zu erziehen und in aller Regel frei von Aggressionen sind. Toypudel sind nur eingeschränkt für den turbulenten Alltag mit Kleinkindern

Pudel.

geeignet, weil sie sehr zart und mitunter auch recht schreckhaft sind. Vor allem die kleineren Schläge können sehr bellfreudig werden, wenn sie nicht von klein auf erzieherisch in ihre Schranken verwiesen werden.

Pudel sind für jeden Schabernack zu haben und machen fast jede Freizeitaktivität mit. Sie sind meist sehr stark auf ihren Besitzer fixiert, begegnen aber bei entsprechender Sozialisierung auch anderen Menschen freundlich und aufgeschlossen. Auch Rauflust ist keine typische Eigenschaft. Eigentlich wäre es an der Zeit, dem Pudel zu einem Comeback als Familienhund zu verhelfen. Vor allem der Großpudel führt ein Schattendasein, das dieser kluge, anhängliche und angenehme Hund nicht verdient.

Die Fellpflege ist einer der wenigen rassespezifischen Punkte, über die man sich vor der Anschaffung Gedanken machen sollte. Ein Besuch im Hundesalon alle sechs Wochen oder das Erlernen der Scherkunst samt Anschaffung der nicht billigen Utensilien ist beim Pudel ein Muss. Ungepflegte Pudel verfilzen in kürzester Zeit und dies sieht nicht nur hässlich aus, sondern führt auch sehr schnell zu Hauterkrankungen, Parasitenbefall und penetrantem Gestank. Schon mancher Pudel endete als verwahrlostes, bemitleidenswertes Bündel, weil seinem Besitzer die Fellpflege über den Kopf gewachsen war.

Beim Pudel sind zwar ziemlich viele Krankheiten bekannt, dies liegt aber mit an seiner zahlenmäßig starken Verbreitung. Mit seinem hohen Durchschnittsalter von 13 Jahren und den vielen, bis ins hohe Alter lebhaften und gesunden Vertretern gehört er zu den langlebigsten Rassen überhaupt.

Manche Pudel erkranken an bestimmten Stoffwechselstörungen wie Diabetes oder Nebennierenüberfunktion. Oft dürfte dies auf Haltungs- und Ernährungsfehler (Überfütterung, Süßigkeiten) zurück zu führen sein.

Die kleineren Schläge neigen zu Zahnstein. Bei weißen und apricotfarbenen Toy- und Zwergpudeln können verlegte Tränenkanäle zu hässlichen, braunen Tränenstraßen unter den Augen führen. Auch Ohrentzündungen treten beim Pudel immer wieder auf und werden mitunter chronisch.

Neben der Fellpflege ist also eine regelmäßige Kontrolle und Reinigung der Ohren, Augen und Zähne sowie eine gesunde, nicht zu reichliche Ernährung essentiell, um den Pudel über viele Jahre fit und gesund zu halten.

Monatliche Futterkosten: je nach Größe 15-40 €
Fellpflegekosten: ca. 40 € alle 6-8 Wochen
Lebenserwartung: ca. 14-17 Jahre
Welpenpreis: ca. 600-900 €, je nach Größe und Farbe
Zuchtclubs im VDH:
- Deutscher Pudel-Klub (DPK)
- Allgemeiner Deutscher Pudelklub (ADP)
- Verband der Pudelfreunde Deutschland (VDP)
- Pudel-Zucht-Verband 82 (PZV 82)

Pyrenäen-Berghund

Pyrenäenberghund, Chien de Montagne des Pyrenées

FCI-Nr.: 137/2.2
Herkunftsland: Frankreich
Größe: Rüde 70-80 cm,
Hündin 65-72 cm
Gewicht: Rüde ca. 60 kg,
Hündin ca. 45 kg
Der Pyrenäenberghund gehört zu den Herdenschutzhunden. Diese schützen Viehherden und das erfordert eine ganze Portion Eigeninitiative, Mut und Verteidigungsbereitschaft.

Auch wenn Pyrenäenberghunde bereits seit vielen Generationen als Familienhunde gezüchtet und gehalten werden, haben viele Hunde noch das typische Wesen dieser Hundegruppe. Die Welpen sehen wirklich allerliebst aus, wie kleine wuschelige Eisbärchen, und auch die ausgewachsenen Tiere wirken auf den ersten Blick und auf Fotos wie gutmütige Eisbären.

Umso erstaunlicher ist es oft, mit welcher Sturheit und Eigenständigkeit diese Hunde ausgestattet sein können. Auch so manche unerwartete, blitzschnelle Reaktion, wenn der Hund meint eingreifen zu müssen, kann zu brenzligen Situationen führen. Sein Schutztrieb sollte keinesfalls gefördert werden, sonst kann er wirklich gefährlich werden, vor allem in missverständlichen Situationen wie beim Anblick spielender Kinder oder bei unerwartetem Besuch.

Dies alles macht einen Pyri nicht gerade zum geeigneten Hund für Einsteiger und hundeunerfahrene Menschen. Auch seine Größe, sein Gewicht und sein dichter Pelz schließen gewisse Haltungsformen aus. Eine ausgiebige Sozialisierung, die Menschen und Tiere einschließt, ist extrem wichtig. Diesen Hund die meiste Zeit in den Garten, und sei er noch so groß, abzuschieben, tut seiner Wesensentwicklung nicht gut. Er liebt ausgiebige Spaziergänge und auch Wanderungen im gemäßigten Tempo.

Manche Hunde, vor allem die leichteren Schläge, begleiten auch gerne Ihren Herrn auf Ausritten und Fahrradtouren, wobei lange Sprints und auch Sprünge wie beim Agility eher nichts für Pyris sind. Und wenn sie etwas partout nicht wollen, bringt sie auch keine Macht der Welt dazu, es zu tun!

Es gibt beim Pyrenäenberghund, vielleicht sogar noch mehr als bei anderen weniger verbreiteten Herdenschutzhundrassen ziemlich unterschiedliche Typen, was das Wesen und auch die Statur angeht. Sie sollten ausführliche Gespräche mit Züchtern und Besitzern führen, bevor Sie sich wirklich für diese Rasse entscheiden. Achten Sie auch auf jeden Fall darauf, dass Ihr Hund aus einer reinen Familienhundzucht stammt. Sollte Ihnen ein Züchter keinen Welpen anvertrauen wollen, so überdenken Sie Ihren Wunsch gründlich! Vielleicht passt tatsächlich eine andere Rasse besser zu Ihnen.

Wie alle großen, schweren Rassen kann auch der Pyri Gelenkprobleme bekommen. Vor allem die Hüftgelenke können im Alter arthrotisch werden und dem Hund schwer zu schaffen machen. Pyrenäenberghunde haben an den Hinterläufen doppelte Afterkrallen. Diese erreichen den Boden nicht, sollten also regelmäßig kontrolliert und gegebenenfalls gekürzt werden, damit sie nicht einwachsen.

Monatliche Futterkosten: ca. 60 €
Lebenserwartung: ca. 10-12 Jahre
Welpenpreis: ca. 900 €
Zuchtclubs im VDH:
Klub für Ungarische Hirtenhunde

Rhodesian Ridgeback

FCI-Nr.: 146/8.2
Herkunftsland: Südafrika
Größe: Rüde 64-69 cm,
Hündin 61-66 cm
Gewicht: ohne Angabe

In den letzten Jahren nahm der Rhodesian Ridgeback an Popularität stark zu. Heute ist er im Straßenbild durchaus kein Exot mehr. Sein besonderes Körpermerkmal, der „ridge“, ist ein Streifen Fell entlang des Rückgrats, der gegen den Strich wächst. Diesen „ridge“ findet man außer beim RR nur noch bei einer einzigen anderen Hunderasse, dem seltenen Thailand Ridgeback.

Viele Legenden ranken sich um seine Entstehung und seinen Einsatz als Löwenjäger, Wächter von Diamantenminen und Sklaven. Zu Unrecht gelangte er in manchen Bundesländern auf die Liste der Gefährlichen Hunde. Hierfür gibt es keine Veranlassung, die sich mit seinen Wesensmerkmalen erklären ließe.

Rhodesian Ridgeback.

Ein Rhodesian Ridgeback ist seinem Besitzer gegenüber sensibel und anpassungsfähig, auch wenn manche Rüden etwas zur Dominanz neigen. Fremden steht er eher zurückhaltend gegenüber, wobei er meist eine große Gelassenheit und hohe Reizschwelle besitzt. Er lässt sich mit Konsequenz und weicher Hand gut erziehen und ist ein sportlicher, bewegungsfreudiger Hund, ohne auch hier zu extrem zu sein.

Für den Hundesport im herkömmlichen Sinn (Unterordnungs- und Schutzdienstwettbewerbe) eignet sich der Rhodesian Ridgeback nur eingeschränkt. Es kann schwierig sein, ihn in diesen Bereichen zu motivieren. Zudem sollte die Schutzdienstarbeit mit allen Hunderassen im Grunde professionellen Hundeführern, wie Polizei- oder Grenzschutzbeamten vorbehalten bleiben.

Er wird normalerweise auch ohne entsprechende Ausbildung sein Heim und seine Familie schützen. Rhodesian Ridgebacks haben ein ganz deutlich geschlechtsspezifisches Gepräge. Die Hündinnen sind feingliedriger, mit leichteren Köpfen. Gesundheitlich ist der Rhodesian Ridgeback recht robust. Die bei den größeren Rassen recht verbreiteten Hüftgelenks- und Ellenbogendysplasien kommen allerdings auch beim ihm vor.

Es bleibt zu hoffen, dass der Weg der Rasse als Familienhund sich weiter konsolidiert und der RR nicht durch unzuverlässige Züchter und Halter ins Fahrwasser der allgemeinen negativen Hundediskussion gerät. Sie selbst als Besitzer haben die Möglichkeit, mit Ihrem gut erzogenen Hund in der Öffentlichkeit für die Rasse zu werben.

Monatliche Futterkosten: ca. 40 €
Lebenserwartung: ca. 13-14 Jahre
Welpenpreis: ca. 1250-1500 € für Welpen mit korrektem Ridge
Zuchtclubs im VDH:
- Deutsche Züchtergemeinschaft Rhodesian Ridgeback (DZRR)
- Rhodesian Ridgeback Club Deutschland (RRC)
- Rhodesian Ridgeback Jagdhundverein

Rottweiler

FCI-Nr.: 147/2.2
Herkunftsland: Deutschland
Größe: Rüde 60-68 cm,
Hündin 55-63 cm
Gewicht: ohne Angabe

Rottweiler sind beliebte Protagonisten in Action- und Horrorfilmen. Ihr Äußeres wirkt auch tatsächlich auf viele Menschen sehr Furcht einflößend. Und so erlangte der Rottweiler auch einen zweifelhaften Ruf in der Halb- und Unterwelt.

Manch zweifelhafte Hundevermehrer legten mehr Wert auf übersteigert aggressive Hunde als auf ein nervenfestes Wesen, wie es der Standard vorschreibt. Extrem wichtig ist es daher, sich den Züchter sehr gut auszu-

suchen. Er sollte dem ADRK angeschlossen sein. Zudem sollten die Elterntiere, respektive die Mutter freundlich und aufgeschlossen sein. Die Eltern und Großeltern sollten gute Hüften haben, lassen Sie sich dies vom Züchter dokumentieren.

Rottweilerrüden können 60 kg Körpergewicht erreichen und eine unbändige Kraft entwickeln. Schon alleine aus diesem Grund ist eine solide Grunderziehung ein absolutes Muss bei dieser Rasse! Sie selbst sollten auch über eine gewisse Kraft und Standfestigkeit verfügen, um den Hund sicher an der Leine halten zu können. Oft eignen sich Hündinnen besser als Familienhunde.

Viele Rüden neigen zu ausgeprägtem Dominanzstreben, was ihre Erziehung zu einem Kampf ausarten lassen kann. Ein Rottweiler-Besitzer sollte gelassen, gerecht und selbstsicher sein. Für nervöse oder unsichere Persönlichkeiten ist dieser Hund mit Sicherheit der falsche! Ein Scharfmachen muss beim Rotti unter allen Umständen unterbleiben, bringt doch diese Rasse von Natur aus genügend Schutztrieb mit. Ein gut erzogener, in die Familie integrierter Rottweiler ist ein Traumhund, der den Seinen unerschütterlich zur Seite steht. Seine guten Seiten kann der Rotti nur dann entwickeln, wenn er mit seiner Familie lebt. Ausschließlich im Zwinger gehalten verkümmert er psychisch und kann dann tatsächlich zur Gefahr werden.

Ein Rottweiler ist ein Arbeitshund. Sollten Sie kein Interesse haben, diesen Hund mit einer Aufgabe, sei es Obedience, Fährtenarbeit oder auch nur Agility, zu beschäftigen, so suchen Sie sich lieber eine andere Rasse! Viele

Rottweiler.

Salukis beim Spiel.

Rottis werden als Diensthunde bei Polizei, Grenzschutz oder von Objektschützern geführt. Im Feierabend sind sie dann ausgeglichene und zufriedene Familienhunde.

Leider sind diese großen, schweren Tiere anfällig für Hüft- und Ellbogengelenksdysplasie (HD/ED) – auch dies ein Grund dafür, einen seriösen Züchter zu wählen, der nach den strengen Vorschriften des ADRK züchtet. Gemästete Hunde erkranken außerdem leichter. Achten Sie stets darauf, den Hund nicht zu überfüttern! Zu oft wird bei dieser Rasse Masse mit Substanz verwechselt.

Ein weiteres Problem der Rasse kann die gefürchtete Magendrehung sein. Verteilen Sie daher die tägliche Futtermenge auf zwei kleinere Portionen. Leider kommt auch Krebs immer wieder beim Rotti vor. Welpen sind besonders anfällig für Parvovirose, ein ansteckender Virusdurchfall, der oft tödlich endet. Auch dies ein Argument dafür, nur beim seriösen Züchter einen geimpften Welpen zu kaufen!

Monatliche Futterkosten: ca. 30-45 €
Lebenserwartung: ca. 10 Jahre
Welpenpreis: ca. 750-900 €
Zuchtclubs im VDH:
Allgemeiner Deutscher Rottweilerklub (ADRK)

Saluki, Persischer Windhund

FCI-Nr.: 269/10.1
Herkunftsland: Iran
Größe: Rüde 58-71 cm,
Hündin etwas kleiner
Gewicht: ohne Angabe
(Rüde ca. 24-26 kg, Hündin ca. 18-22 kg)

Im Standard des Saluki wird sein Wesen so beschrieben: „Fremden gegenüber reserviert, jedoch nicht nervös oder aggressiv. Würdevoll, intelligent und unabhängig". Diese windhundetypischen Eigenschaften sind beim Saluki in der Tat recht ausgeprägt.

Ein Hund dieser Rasse, der Fremde überschwänglich begrüßt oder den Kommandos seines Herrn begeistert folgt, wird immer die Ausnahme sein. Im Gegensatz zur landläufigen Meinung sind Salukis aber trotzdem mit Einfühlungsvermögen, Geduld und ein paar Tricks sehr wohl zu erziehen. Der Grundgehorsam im Rahmen eines Kurses zum Verkehrssicheren Begleithund kann und sollte auch von einem Saluki erlernt werden.

Es gibt in Amerika mehr als in Deutschland Salukis, die begeistert Agility machen. Als reine Salonschönheit oder Statussymbol ist dieser intelligente, ehemalige Hetzjäger viel zu schade. Salukis gehen eine sehr enge Bindung zu ihrer Bezugsperson ein. Besitzerwechsel machen ihnen oft ziemlich zu schaffen.

Auch wenn vor der Haltung von Windhunden zusammen mit Katzen und kleineren Heimtieren oft gewarnt wird, so gibt es doch genügend Salukis, die über viele Jahre hinweg in Harmonie mit Katzen und auch Meerschweinchen oder Papageien gelebt haben und leben. Bei fremden Tieren, auch Hunden, muss man hingegen immer Vorsicht walten lassen: Der Hetztrieb steckt den meisten Salukis noch im Blut, und auch einer zünftigen Rauferei gehen viele Rüden (ganz unfein) gar nicht gerne aus dem Weg!

Der Saluki eignet sich für Menschen, die selber empfindsam sind und die auch bei anderen Menschen mehr auf die leisen Töne achten. Hauruck-Naturen und allzu joviale Typen eignen sich für diese Rasse weniger. Ihnen bleibt auch der zurückhaltende Charme des Salukis verschlossen.

Nervöse und überängstliche Salukis hatten meist eine mangelhafte Sozialisierung. Achten Sie bei der Wahl des Züchters darauf, dass dieser seine Welpen intensiv sozialisiert und schon mit den üblichen Alltagssituationen vertraut gemacht hat. Es gibt den Saluki auch in der selteneren Kurzhaar-Variante ohne Befransung der Ohren, Läufe und Rute.

Gesundheitlich sind Salukis robust, auch wenn sie sehr empfindlich wirken. Meist sehen sie den Tierarzt nur wegen kleinerer Verletzungen, die sie sich beim wilden Lauf oder bei einer kleinen Rauferei zugezogen haben. Da Salukis wie alle Windhunde wenig Körperfett im Verhältnis zu ihrem Gewicht haben, können Sie recht empfindlich auf Barbiturat-Narkosen und auch auf manche Flohmittel reagieren. Manche sind auch stressanfällig und bekommen dann Durchfall. Auf ein weiches Lager sollten Sie ebenfalls achten, da Salukis sonst leicht Liegeschwielen an den Ellbogen und auch an der Brust bekommen können.

Monatliche Futterkosten: ca. 30 €
Lebenserwartung: 12-15 Jahre
Welpenpreis: ca. 1000 €
Zuchtclubs im VDH:
Deutscher Windhundzucht- und Rennverband (DWZRV)

Samojede.

Samojede

FCI-Nr.: 212/5.1
Herkunftsland: Russland
Größe: Rüde 54-60 cm,
Hündin 50-56 cm
Gewicht: ohne Angabe

Es wundert einen fast, dass der Samojede als wirklich schöner Hund mit wunderbarem Charakter nicht eine viel größere Fangemeinde hat. Unter den anerkannten Schlittenhunderassen hat ihm jedoch der Husky mittlerweile bei weitem den Rang abgelaufen. Vielleicht ähnelt der Samojede zu sehr dem biederen deutschen Großspitz, und ist dies dem Zeitgeist zu langweilig?

Wie dem auch sei, dem Samojeden schadet dies auf keinen Fall, denn die Anschaffung einer Nordischen Hunderasse muss wohl überlegt sein. Zwar zeichnet sich der Samojede durch eine große Freundlichkeit Mensch und Artgenossen gegenüber aus. Sein starker Jagd- und Bewegungsdrang dürfen jedoch nicht unterschätzt werden. Auch die Fellpflege kann im Haarwechsel recht aufwendig sein. Zudem können diese Hunde im Sommer recht stark unter der Hitze leiden.

Am glücklichsten ist der Samojede in einem großen Rudel, seien es Menschen oder auch andere Hunde. Er möchte immer dabei sein. Unternehmungen mit der ganzen Familie sind also ganz nach seinem Geschmack und sollten eher häufig als selten auf dem Programm stehen.

Ideal wäre natürlich ein Besitzer, der Gefallen am Schlittenhundesport findet. Aber auch Agility, Obedience und weitere Fun-Sportarten werden seinen Unternehmungsdrang in die richtigen Bahnen lenken.

Ein Samojede kann leicht die Wohnungseinrichtung verwüsten und/oder exzessiv bellen, wenn er zu lange sich selbst überlassen wird und keinen entsprechenden Ausgleich geboten bekommt! Die Wachhundeigenschaften sind bei ihm eher schwach ausgeprägt, auch wenn er recht bellfreudig ist.

Samojeden haben eine sehr ausgeprägte Körpersprache. Sie benutzen regelrecht ihre Mimik und Gestik zur Kommunikation mit anderen Hunden und auch Menschen.

Die gesundheitliche Schwachstelle der Samojeden sind Haut und Haare: Sie neigen zu Talgdrüsenproblemen und Haarausfall, vor allem, wenn sie zu dick sind oder zu großer Hitze ausgesetzt werden. Inwieweit dies mit den klimatischen Bedingungen unserer Breitengrade zusammenhängt – der Samojede stammt aus Sibirien! – ist nicht erforscht.

Monatliche Futterkosten: ca. 25-30 €
Lebenserwartung: ca. 12 Jahre
Welpenpreis: ca. 900-1000 €
Zuchtclubs im VDH:
Deutscher Club für Nordische Hunde

Schnauzer

(Riesenschnauzer/Mittelschnauzer/Zwergschnauzer)

FCI-Nr.: Riesenschnauzer 181/2.1, Mittelschnauzer 182/2.1, Zwergschnauzer 183/2.1
Herkunftsland: Deutschland
Größe: Riesenschnauzer 60-70 cm, Mittelschnauzer 45-50 cm, Zwergschnauzer 30-35 cm
Gewicht: ohne Angabe

Der Schnauzer ist – und dies gilt für alle drei Schnauzerrassen – ein bodenständiger, kerniger Hund mit einem eigenen Kopf. Überhaupt liegen die Unterschie-

Riesenschnauzer.

Mittelschnauzer.

de zwischen den drei Schnauzerrassen hauptsächlich in der Größe.

Das Wesen ist bei allen sehr ähnlich, so dass man eher von verschiedenen Schnauzer-Schlägen als von verschiedenen Rassen sprechen kann. Der Mittelschnauzer entspricht am ehesten der Stammform. Die beiden anderen entstanden durch Verpaarungen mit jeweils größeren Treibhundschlägen und mit kleinen Stallpinschern.

Der Riesenschnauzer gehört zu den anerkannten Gebrauchshunderassen und wird auch oft als Diensthund geführt. Er zeigt jedoch auch eindeutige Qualitäten als Familien- und Begleithund, sofern er entsprechend seinem Tatendrang beschäftigt wird.

Auch Mittel- und Zwergschnauzer sind sehr neugierige, unternehmungslustige und spielfreudige Hunde, dabei nicht überdreht oder hyperaktiv. Die Erziehung eines Schnauzers ist nicht so leicht wie bei manch anderen Rassen, da er einen ausgesprochenen Dickkopf hat und sich in der Regel nicht bedingungslos unterordnen und herum kommandieren lässt. Dabei ist er sehr schlau und kann seinem Besitzer bei inkonsequenter oder zu nachgiebiger Behandlung rasch über den Kopf wachsen. Generell hängt ein Schnauzer aber sehr an seinem Menschen.

Eine Beschäftigung ist wichtig, und je nach Größe wird man entsprechende Aufgaben für seinen Schnauzer auswählen. Man kann ihn in allen Bereichen des Hundesportes führen, sollte aber auf jeden Fall auch seinem natürlichen Misstrauen gegen Fremde durch eine entsprechende Sozialisierung entgegenwirken.

Es ist nicht empfehlenswert, einen unbekannten Schnauzer ungefragt anzufassen. Dies gilt für alle drei Typen gleichermaßen. Einen Riesenschnauzer darf man niemals scharf machen, denn dies kann zu wirklich unangenehmen Situationen führen. Den ausgeprägten Wach- und Schutztrieb aller Schnauzerrassen bringt er von Natur aus mit. Man kann sich sehr sicher auch ohne entsprechende Ausbildung auf seine Loyalität verlassen!

Vor allem Mittel- und Zwergschnauzer entwickeln im Alter oft Schrullen. Beim Riesen ist dies nicht ganz so ausgeprägt. Alle drei Schnauzerrassen sind nie Salonhunde gewesen. Dies verdanken sie hauptsächlich ihrem unspektakulären, rustikalen Aussehen. Auch der Zwergschnauzer ist ein richtiger kleiner Rattenfänger geblieben, der seine Aufgaben noch immer sehr ernst nimmt.

Eine Verzärtelung oder Degradierung zum reinen Schauobjekt sind bei ihm genauso unangebracht wie bei seinen größeren Vettern. Die Entwicklung des Zwergschnauzers in den USA zu einem Ausstellungshund mit höchst kunstvoller Frisur und einem Aussehen, das den ursprünglichen Stallhunden nur noch sehr entfernt ähnelt, sollte den Züchtern hierzulande stets als warnendes Beispiel vor Augen stehen!

Das Schnauzerfell muss je nach Haarbeschaffenheit zwei- bis dreimal jährlich getrimmt oder geschoren werden. Dies kann man entweder selbst in vom Zuchtklub angebotenen Kursen lernen oder in einem Hundesalon, der über Erfahrungen mit der Rasse verfügt, machen lassen. Der üppige Bart muss nach jedem Essen gereinigt und regelmäßig gekämmt werden, sonst verfilzt er.

Schnauzer (alle Rassen) scheinen generell tumoranfällig zu sein. Insbesondere bei schwarzen Mittel- und Riesenschnauzern treten überdurchschnittlich häufig bösartige Tumore an den Zehen auf. Viele Riesenschnauzerhündinnen werden nach einer Kastration harninkontinent. Der Eingriff sollte deshalb bei dieser Rasse gut abgewogen werden.

Monatliche Futterkosten: je nach Größe 15-45 €
Fellpflegekosten: sehr unterschiedlich, je nach Felltyp und Größe
Lebenserwartung: Riesenschnauzer ca. 8-10 Jahre, Mittelschnauzer ca. 12 Jahre, Zwergschnauzer ca. 13 Jahre
Welpenpreis: Riesenschnauzer ca. 1000 €, Mittel- und Zwergschnauzer ca. 750 €
Zuchtclubs im VDH: Pinscher-Schnauzer-Klub (PSK)

Scotch Terrier

FCI-Nr.: 73/3.2
Herkunftsland: Großbritannien
Größe: 25-28 cm
Gewicht: 8,6-10,4 kg

Der kleine Scotch Terrier war früher ein rauer Jagdhund, der Fuchs, Dachs und Otter – also sehr wehrhafte Gegner – stellte. Seit vielen Generationen wird der Scottie allerdings als Haus- und Familienhund gehalten. In den 30er bis 40er Jahren des vergangenen

Jahrhunderts war er sogar ein richtiger Modehund.

Heute findet man nur noch vereinzelt Scotch Terrier als Jagdhunde, vor allem in den ehemaligen Ostblockländern. Ein Scottie aus westlicher Zucht bringt in der Regel noch eine gute Portion Mut und auch Schärfe mit, fügt sich aber doch viel besser in einen normalen Alltag ein als die ursprünglichen Jagdhunde.

Scotch-Terrier haben etwas Kauziges, mitunter Clownhaftes an sich und können recht verschmitzt sein. Auf der anderen Seite sind sie aber überhaupt keine Schoß- und Schmusehunde, sondern brauchen recht viel Freiraum und möchten nicht permanent geherzt werden.

Sie sind rechte Individualisten und verschenken ihre Zuneigung nicht allzu freigebig, schon gar nicht an Fremde. Manche Besitzer berichten über mangelnde Stubenreinheit. Dies dürfte sich aber wie die Erziehung überhaupt, von einem einfühlsamen und konsequenten Halter in den Griff bekommen lassen.

Die familieneigenen Kinder werden in der Regel gut akzeptiert. Fremde Kinder sollten wohlerzogen sein und den Hund nicht ungefragt anfassen. Ein Scottie hängt an seiner Familie, fühlt sich aber auch mit einer einzigen Bezugsperson sehr wohl, solange er nicht zu lange allein bleiben muss. Auch wenn er ein Hund ist, der nicht unbedingt Vier-Stunden-Märsche täglich braucht, so geht er doch gerne spazieren und sollte auch seine regelmäßige Bewegung haben, um schlank und fit zu bleiben. Das Fell muss alle drei Monate getrimmt werden.

Scotch Terrier.

Man kennt die nach dieser Rasse benannten Schotten-Krämpfe. Dies sind anfallsartige Muskelkrämpfe, die meist durch Stress-Situationen ausgelöst werden und behandelbar sind. Da Scotties oft einen stoischen Charakter haben und sehr schmerzunempfindlich sind, merkt man oft erst recht spät, wenn etwas mit ihnen nicht stimmt. Bei ungewöhnlichen Beobachtungen sollte man deshalb sicherheitshalber zum Tierarzt gehen! Manche Scotties neigen zu Blasensteinen; auch Bandscheibenprobleme treten immer mal wieder auf, vor allem bei übergewichtigen Tieren.

Monatliche Futterkosten: ca. 40 €
Fellpflegekosten: ca. 160 €/Jahr
Lebenserwartung: ca. 12 Jahre
Welpenpreis: ca. 1000-1250 € (weizenfarbige sind teurer als schwarze)
Zuchtclubs im VDH:
Klub für Terrier (KfT)

Shar Pei.

Shar Pei

FCI-Nr.: 309/2.2
Herkunftsland: China
Größe: 40-51 cm
Gewicht: ohne Angabe
Einst als die seltenste Hunderasse der Welt im Guinness-Buch der Rekorde bezeichnet, erlebte der Shar Pei vor allem in den Vereinigten Staaten einen enormen Popularitätsaufschwung. Auch wenn er bis heute nicht so zum Straßenbild gehört wie ein Westie oder ein Labrador, so kennt doch jedes Kind sein Konterfei von diversen Postkarten, Werbeplakaten oder sonstigen Abbildungen.

Viele seiner körperlichen Merkmale machen ihn zu einer einmaligen Hunderasse: die blaue Zunge, seine nilpferdartige Schnauze und die kleinen Klappöhrchen.

Dass die Faltenhunde allerdings nur als Welpen faltig sein dürfen, ist wohl den wenigsten Menschen bekannt. Und so ist auch die Gefahr groß, dass viele Leute so einen Hund wollen, um mit seinem exotischen Aussehen aufzufallen. Von manchen als Qualzucht bezeichnet, ist aber gerade der Shar Pei ein Beispiel dafür, wie über eine Änderung extremer Formulierungen im Rassestandard auf die Zuchtentwicklung positiver Einfluss genommen werden kann. Es bleibt natürlich zu hoffen, dass nun auch die Richter auf Hundeausstellungen und die Welpenkäufer direkt oder indirekt entsprechend positiv auf die Shar-Pei-Zucht einwirken werden!

Wie viele Hunderassen aus Fernost hat auch der Shar Pei einen recht eigenwilligen Charakter und lässt sich schlecht im herkömmlichen Sinne abrichten. Mit Geduld und der nötigen Konsequenz ist aber auch seine Erziehung möglich.

Auch diverse Hundesportarten kann man mit ihm betreiben, solange nur der Spaß und nicht die Lorbeeren das Ziel sind. Er ist seiner Familie zärtlich zugetan, Fremden gegenüber jedoch eher reserviert. Es gibt viele Shar Peis, vor allem Rüden, die zur Dominanz neigen. Dies kann zu Problemen bei der Haltung mehrerer Hunde führen. Aber auch seine menschlichen Rudelmitglieder werden sich mitunter mit einem in der Rangordnung aufstrebenden Shar Pei konfrontiert sehen.

Beim Shar Pei sind recht viele Krankheiten bekannt. Deshalb ist es sehr wichtig, einen Züchter zu wählen, der Wert auf die Gesundheit seiner Hunde legt. Niemals sollte man einen Shar Pei in einer Zoohandlung oder gar auf einem Markt (sehr beliebt in den ehemaligen Ostblockländern!) kaufen. Starke Faltenbildung und lose Haut bei erwachsenen Hunden sind weder vom Standard erwünscht noch der Gesundheit der Tiere zuträglich.

Ein Problem ist sicherlich die Nachfrage nach übertypisierten, faltigen Hunden, die zu einer Bevorzugung solcher Tiere in der Zucht führt. Ein seriös gezüchteter und gut sozialisierter Shar Pei kann dagegen ein vitaler, fröhlicher und sportlicher Hund sein, der mit Ihnen und Ihrer Familie durch dick und dünn geht.

Die gesundheitlichen Schwachstellen des Shar Peis sind seine Haut und die Augen. Manche Hunde neigen zu Ohrentzündungen. Schilddrüsenunterfunktion kommt vor, bei manchen Hunden auch Nierenprobleme. Allgemein sind Shar Peis narkoseempfindlicher als viele andere Rassen. Durch die entsprechende Sorgfalt bei der Auswahl kann man durchaus ein gesundes und robustes Tier finden.

Monatliche Futterkosten: ca. 30 €
Lebenserwartung: 8-10 Jahre
Welpenpreis: 1300-1500 €
Zuchtclubs im VDH:
Deutscher Shar-Pei-Club 1985 (DSP)
Club für Exotische Rassehunde (CER)

Shetland Sheepdog, Sheltie

FCI-Nr.: 88/1.1
Herkunftsland: Großbritannien
Größe: Rüde ideal 37 cm,
Hündin ideal 35,5 cm
Gewicht: ohne Angabe

Shelties sind fröhliche, aufgeweckte Hunde, die noch dazu wunderhübsch aussehen. Das prachtvolle Fell, das leider in letzter Zeit von manchen übereifrigen Züchtern zu einem etwas aufgeplusterten Pelz hochgezüchtet wurde, stellt zwar einige Ansprüche an die Pflege. Insgesamt ist der Sheltie aber ein eher pflegeleichter, unkomplizierter Hund. Er freut sich sehr über Aufmerksamkeit und Beschäftigung, muss aber nicht in dem Maße wie ein richtiger Arbeitshund ausgelastet werden.

Wichtig ist, dass er dabei sein darf und liebevoll behandelt wird. Shelties sind recht gut zu erziehen und gehorchen gerne. Bei manchen gilt es aller-

Shetland Sheep Dogs.

dings, einen stärker ausgeprägten Belldrang zu kontrollieren. Shelties bleiben immer in der Nähe ihres Herrn. Das macht sie zu geeigneten Begleitern auch älterer Menschen auf Spaziergängen und Ausflügen.

Es gibt recht individuelle Charaktere bei Shelties: vom etwas zurückhaltenden, schüchternen Hund über den vorwitzigen, kecken Sheltie bis hin zum freundlichen, extrovertierten Hund, alle Nuancen sind vertreten.

Den meisten Shelties gemeinsam ist eine große Sensibilität! Achten Sie darauf, dass die Welpen beim Züchter gut sozialisert wurden und lassen Sie ihren kleinen Sheltie viele positive Erfahrungen mit anderen Hunden und Menschen machen, um entsprechende Defizite zu verhindern.

Die meisten Shelties sind für hundesportliche Aktivitäten, wie Agility zu haben, aber auch Jogging, Fahrradtouren und ähnliche Unternehmungen begleiten sie mit Begeisterung.

Shelties gibt es in vielen attraktiven Farben. Gesundheitliche Probleme können die Haut (vor allem Autoimmunerkrankungen) und die Augen betreffen. Bei Shelties kann Kryptorchismus vorkommen: Bei den betroffenen Rüden verbleiben ein oder beide Hoden in der Bauchhöhle. Solche Hunde sollten kastriert werden. Achten Sie beim Kauf eines Rüdenwelpen darauf, dass beide Hoden fühlbar sind.

Monatliche Futterkosten: ca. 25 €
Lebenserwartung: ca. 14 Jahre

Shiba Inu.

Welpenpreis: ca. 800 €
Zuchtclubs im VDH:
Club für Britische Hütehunde

Shiba Inu

FCI-Nr.: 257/5.5
Herkunftsland: Japan
Größe: Rüde 38,5-41,5 cm,
Hündin 35,5-38,5 cm
Gewicht: ohne Angabe

Der Shiba ist ein putziger kleiner Kerl, der bei uns in den letzten Jahren immer häufiger gehalten wird. Aufgrund seiner Größe eignet er sich sehr gut zur Haltung auch in etwas beengteren Verhältnissen. Trotzdem ist er alles andere als ein Schoßhund. Shibas sind unternehmungslustig, sportlich, robust und witterungsunempfindlich. Sie vereinen die Vorzüge aller Nordischen Rassen im Kleinformat, weisen aber auch deren Besonderheiten auf, die ihre Erziehung manchmal nicht ganz einfach machen: Sie sind eigenwillig, intelligent und neugierig. Sowohl vom Aussehen als auch durch ihren schlauen, gewitzten Charme erinnern Shibas an Füchse.

Eine Abrichtung im herkömmlichen Sinn ist bei ihnen unmöglich. Mit viel Einfühlungsvermögen und liebevoller Konsequenz sowie dem einen oder anderen Leckerbissen erreicht man hingegen recht viel.

In der Familie fröhlich und verspielt, sind sie Fremden gegenüber eher zurückhaltend. Mit den Kindern ihrer Familie verstehen sie sich sehr gut, soll-

Shih Tzu.

ten aber immer auch die Möglichkeit haben, sich zurückzuziehen und ungestört zu sein. Sich selbst überlassen, können sie recht destruktiv werden. Ihr ausgeprägter Jagdtrieb verbietet die Anschaffung kleinerer Heimtiere.

Shibas sind Hunde für naturverbundene, einfühlsame Menschen, die eventuell in einer kleinen Wohnung leben, aber dennoch einen ganzen Hund möchten, der sie immer begleiten kann.

Diese Rasse ist bemerkenswert gesund. Viele Exemplare verstehen sich auf ein eigentümliches Geschrei, welches sie zum Beispiel im Behandlungszimmer des Tierarztes anstimmen!

Monatliche Futterkosten: ca. 15 €
Lebenserwartung: 12-16 Jahre
Welpenpreis: ca. 1000-1500 €
Zuchtclubs im VDH:
Deutscher Club für Nordische Hunde (DCNH)

Shih Tzu

FCI-Nr.: 208/9.5
Herkunftsland: Tibet
Größe: nicht über 27 cm
Gewicht: ohne Angabe

Der Shih Tzu ist ein richtiger kleiner Salonlöwe, charmant, immer zu einem Späßchen aufgelegt und mit natürlicher Abendrobe. Darüber darf aber nicht vergessen werden, dass diese kleinen Kerlchen neugierig, unternehmungslustig und quicklebendig sind. Als reine Renommierobjekte taugen sie genauso wenig wie jedes andere Lebewesen.

Es gibt recht unterschiedliche Zuchtlinien: Kleine zierliche Tierchen von 4-5 kg, aber auch robuste Shihs mit 8 kg, die sich durchaus für sportliche Betätigungen wie Agility eignen. Dies ist in Amerika eine sehr beliebte Beschäftigung. Dort sind die Hunde allerdings auch etwas hochbeiniger und kürzer im Rücken als bei uns. Sollten Sie sportliche Ambitionen haben, so wählen Sie auf jeden Fall Züchter und Welpe unter diesem Hinblick aus.

Shih Tzus sind ausgezeichnete Begleithunde. Sie hängen mit großer Zuneigung an ihrem Besitzer und begleiten ihn gerne auf Schritt und Tritt. Man kann diese Tierchen nicht einfach abschieben, weil man Wichtigeres zu tun hat! Sich selbst überlassen, leidet der Shih Tzu und wird unter Umständen unsauber, fängt an zu bellen oder nagt Mobiliar an. Vor allem bei Familienzuwachs kann er so reagieren, wenn er plötzlich nicht mehr der Mittelpunkt ist oder sogar ausgeschlossen wird. Mit Kindern kann er sich zauberhaft verstehen. Auf jeden Fall sollte man hierfür aber einen Shih Tzu aus einer robusteren Zuchtlinie wählen oder sich für eine andere Rasse entscheiden, denn zu ungestüme oder hyperaktive Kinder können einen solch zarten Hund doch ziemlich drangsalieren!

Vor der Anschaffung muss man sich unbedingt über die recht intensive Fellpflege informieren, die die Haarpracht des Shih Tzu erfordert. Die Bilder in Büchern und Zeitschriften, die diese Hunde im glänzenden Wallehaar zeigen, stehen für Stunden intensivster Pflege. Scheut man diesen Aufwand an Zeit und Mühe, auch einige Pflegeutensilien wollen angeschafft werden, so gibt es drei Möglichkeiten: Man gibt den Hund alle sechs Wochen zu einem Hundefriseur, der die Fellpflege übernimmt oder man verpasst ihm eine flotte Kurzhaarfrisur, was dann allerdings eine Ausstellungskarriere unmöglich macht oder man entscheidet sich für eine andere Hunderasse.

Shih Tzu-Welpen werden meist erst nach der zwölften Lebenswoche abgegeben. Sollten Sie achtwöchige oder sogar noch jüngere Welpen angeboten bekommen, so lehnen Sie lieber ab.

Außer der Fellpflege ist beim Shih Tzu eine sorgfältige Kontrolle und Hygiene der Ohren, Augen, Zähne und des Afters sehr wichtig. Ungepflegte Hunde fangen sehr schnell an zu stinken und bieten zahlreichen Keimen einen idealen Nährboden. Halten Sie Ihren Shih Tzu schlank, um Bandscheibenvorfällen vorzubeugen. Vor allem die sehr kurznasigen Hunde sind recht hitzeempfindlich. Dem muss im Sommer unbedingt Rechnung getragen werden. Etwas Vorsicht erfordern auch die großen Augen; Hornhautverletzungen und mitunter sogar ein Vorfall des Augapfels bei Konfrontationen mit größeren Hunden kommen immer wieder vor.

Monatliche Futterkosten: ca. 25 €
Lebenserwartung: ca. 12-16 Jahre
Welpenpreis: 750-1000 €
Zuchtclubs im VDH:
Verband für Kleinhunde (VK)
Internationaler Shih Tzu Club (ISTC)

Siberian Husky

FCI-Nr.: 270/5.1
Herkunftsland: USA
Größe: Rüde 53-60 cm,
Hündin 51-56 cm
Gewicht: ohne Angabe

Der Sibirische Husky ist die bekannteste und beliebteste Schlittenhunderasse. Er ist heute ein recht verbreiteter Familien- und Begleithund, obwohl es dafür durchaus geeignetere Rassen als ihn gibt. Sein faszinierendes Aussehen – wolfsähnlich urwüchsig und doch exotisch mit blauen oder gar verschiedenfarbigen Augen – hat in vielen Menschen den Wunsch nach einem solchen Hund geweckt.

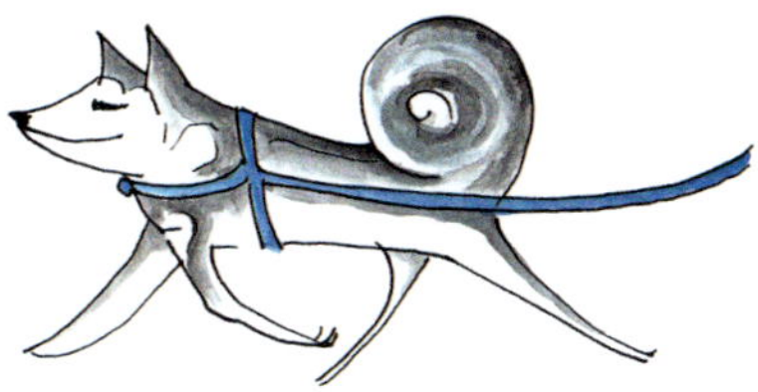

Siberian Husky.

Die meisten Huskys sind menschenfreundlich und umgänglich. Doch dies reicht als Qualifikation zum unkomplizierten Familienhund nicht aus. Huskys haben einen schier unbändigen Bewegungsdrang, die meisten außerdem einen ausgeprägten Jagdtrieb. Nicht wenige Huskys wurden auf einem ihrer Jagdausflüge erschossen oder überfahren, und auch so manches Blutbad unter Schafen, Kaninchen oder Hühnern geht auf das Konto eines unbeaufsichtigt streunenden Schlittenhundes.

Man muss sich vor der Anschaffung eines Hundes dieser Rasse absolut seiner Verantwortung im Klaren sein: dem Hund, aber auch seiner Umwelt gegenüber. Nicht ohne Grund klagen die Tierheime über den zunehmenden Anteil an Schlittenhunden und deren Mischlingen. Viele dieser unglücklichen Tiere wurden einmal als Herzenswunsch von Menschen angeschafft, die sich recht bald von den elementaren Bedürfnissen dieser Hunde überfordert sahen.

Im Idealfall wird der Schlittenhundesport zu Ihrem Hobby, und sie halten gleich mehrere Huskys in großräumigen, gut eingezäunten Außenanlagen. Dass dies eine extrem geld- und zeitintensive Freizeitbeschäftigung ist, können Sie sich sicher vorstellen! Zumindest muss man dem cleveren Husky viel, viel Bewegung, am besten am Fahrrad bieten sowie einen regen Anteil am Rudelleben-Familienleben und eine adäquate Ausgleichsbeschäftigung, zum Beispiel im Breitensport.

Die Erziehung kann schwierig sein, da Huskys sehr eigenwillig sind und gerne selbst entscheiden. Schlittenhunde können schlecht in einer Wohnung stundenlang sich selbst überlassen werden: Sie reißen buchstäblich die Tapete von den Wänden! Im Sommer kann ihnen die Hitze zu schaffen machen. Ihr wahres Element sind Eis und Schnee. Auch wenn man immer wieder liest, dass Schlittenhunde sehr verträglich mit Mensch und Tier sind, so ist doch manchmal Vorsicht mit fremden kleineren Hunden geboten.

Auch lieben es manche Huskys nicht, von Fremden zu sehr bedrängt zu werden. Alles in allem ist der Husky absolut kein Hund für Jedermann. Besser wäre es, sich im Zweifelsfall gegen als für seine Anschaffung zu entscheiden! Auf jeden Fall sollte jeder Interessent, der nicht Schlittenhundesport mit seinem Husky betreiben möchte, einen Welpen aus Show-Linien mit Hausaufzucht wählen.

Wie auch die anderen Nordischen Hunderassen können Huskys, die im Haus gehalten werden, Hautprobleme und auch einen recht starken Eigengeruch entwickeln. Ab und zu treten Hormonstörungen und auch Futterunverträglichkeiten auf. Während des Haarwechsels ist intensives Bürsten nötig!

Monatliche Futterkosten: ca. 50-60 €
Lebenserwartung: ca. 14 Jahre
Welpenpreis: ca. 600-1100 €
Zuchtclubs im VDH:
Deutscher Club für Nordische Hunde (DCNH)

Spitz

FCI-Nr.: 97/5.4
Herkunftsland: Deutschland
Größe: Wolfsspitz 43-55 cm, Großspitz 42-50 cm, Mittelspitz 30-38 cm, Kleinspitz 23-29 cm, Zwergspitz 18-22 cm
Gewicht: ohne Angabe

Jedes Kind kennt den Spitz und doch verschwand diese Rasse fast unbemerkt aus dem Straßenbild. Wann haben Sie zum Beispiel das letzte Mal einen Spitz gesehen? Nun, dies mag am veränderten Zeitgeist liegen. Exotischere und dynamischere Rassen sind momentan in. Der Spitz erscheint vielen vielleicht einfach zu unspektakulär und biedermeierhaft.

Früher waren Spitze aller Größenvarianten außerordentlich beliebte Wachhunde, denn nichts liegt einem Spitz mehr als aufzupassen und zu melden. Spitze sind sehr hoftreu und ein wildernder Spitz, der sich freiwillig von Heim und Hof entfernt, hat Seltenheitswert.

Kleinspitz.

Wolfsspitze.

Fremden gegenüber sind Spitze ziemlich misstrauisch. Sie melden zuverlässig alles, was sich unerlaubt ihrem Einzugsbereich nähert, wobei sie im Zweifelsfall auch nicht zögern, einmal zuzuschnappen. Dafür hängen sie mit umso größerer Liebe an ihrer Familie und nehmen sich auch einen Besitzerwechsel ziemlich zu Herzen.

Mit den größeren Schlägen kann man Hundesport betreiben. Die kleineren eignen sich sehr gut als Gesellschafter älterer Herrschaften, die unter Umständen auch keine ausgedehnten Wanderungen mehr unternehmen. Die sprichwörtliche Bellfreudigkeit des Spitzes sollte von klein auf durch konsequente Erziehung in vernünftige Bahnen gelenkt werden. Vor allem während des Haarwechsels kann die Fellpflege recht aufwendig werden. Abscheren sollte man einen Spitz allerdings nie, da das Fell durchaus gegen Wärme und Kälte isolierende Eigenschaften hat. Vorsicht ist trotzdem im Sommer geboten: Ausgedehntere Touren sollte man lieber in die frühen Morgen- oder späten Abendstunden verlegen!

Beim Zwergspitz kennt man die für Zwerghunde typischen Gesundheitsprobleme wie Trachealkollaps, Kniescheiben-Luxation und offene Fontanellen. Auch kann es bei Spitzen zu hormonell bedingtem Haarausfall kommen. Großspitze werden heute so selten gezüchtet, dass sie vom Aussterben bedroht sind.

Tibet Terrier.

Monatliche Futterkosten: Groß- und Wolfsspitz ca. 20 €, Mittelspitz ca. 10-15 €, Klein- und Zwergspitz ca. 5-10 €
Lebenserwartung: ca. 12-14 Jahre
Welpenpreis: Groß- und Wolfsspitz ca. 600-700 €, Mittel-, Klein- und Zwergspitz ca. 800-900 €
Zuchtclubs im VDH:
Verein für Deutsche Spitze

Tibet Terrier

FCI-Nr.: 209/9.5
Herkunftsland: Tibet
Größe: Rüde 35,6-40,6 cm, Hündin geringfügig kleiner
Gewicht: ohne Angabe

Tibet Terrier sind reizende kleine Energiebündel. Sie sind immer fröhlich und zu Scherzen aufgelegt, solange sie nur dabei sein können. Dabei sind sie ziemlich anpassungsfähig: Einen sportlichen Besitzer begleiten sie auf die längsten Wanderungen. Bei einem eher gemäßigten Besitzer geben sie sich auch mit viel weniger Auslauf zufrieden. Wichtig ist einfach, dass sie in den Alltag integriert werden und das Gefühl haben, gebraucht zu werden. Sie sind freundlich zu Mensch und Tier. Oft muss man sogar einen neugierigen Junghund vor sich selber beschützen!

Tibet Terrier gehören zu den langlebigsten Hunderassen. Dies sollten Sie bei der Anschaffung unbedingt bedenken. 15,16 Jahre bei bester Gesundheit sind keine Seltenheit. Deshalb ist es gut, wenn man diesen Zeitraum in der eigenen Lebensplanung einigermaßen überschauen kann. Mit Kindern verstehen sich Tibet Terrier meist sehr gut. Trotzdem muss man den Kleinen unbedingt erklären, dass ein Hund kein Spielzeug ist und auch sein Recht auf Ruhe und einen Rückzugsplatz hat, der unbedingt respektiert werden muss.

Die Erziehung eines Tibet Terriers stellt seinen Besitzer mitunter auf eine harte Geduldsprobe, gibt es doch recht häufig sehr dickköpfige Exemplare!

Ein wichtiger Punkt, der nicht unterschätzt werden darf, ist die Fellpflege.

West Highland White Terrier.

Mehrmals wöchentliches gründliches Kämmen und Bürsten sind unabdingbar, ebenso das Ablesen von Blättern und Ästchen nach jedem Spaziergang.

Die Kontrolle der Ohren, Augen, des Anal- und Genitalbereiches sind ebenfalls wichtig, um etwaige Verschmutzungen oder gar Entzündungen rechtzeitig zu bemerken. Tibet Terrier sind wie alle zott- und langhaarigen Hunde nichts für Hygienefanatiker!

Monatliche Futterkosten: ca. 20 €
Lebenserwartung: ca. 15 Jahre
Welpenpreis: ca. 750-900 €
Zuchtclubs im VDH:
- Internationaler Club für Lhasa Apso und Tibet Terrier
- Internationaler Klub für Tibetische Hunderassen
- Spezialclub für Lhasa Apso und Tibet Terrier

West Highland White Terrier

FCI-Nr.: 85/3.2
Herkunftsland: Großbritannien
Größe: ca. 28 cm
Gewicht: ohne Angabe
Der Westie ist der Modehund der 90er-Jahre des vergangenen Jahrhunderts! Angefangen hat wohl alles mit einer Hundefutterreklame, die einen niedlichen Westie als Protagonisten hatte. Mittlerweile ist diese Rasse aus dem mitteleuropäischen Straßenbild nicht mehr wegzudenken.

Leider hat sich in der Vergangenheit gezeigt, dass allzu große Popularität einer Hunderasse mehr schadet als nutzt. Die Nachfrage nach Welpen ist groß und allzu viele unseriöse Hundehändler nutzen dies, um die schnelle Mark zu machen. So wurde in den letzten Jahren alles gekreuzt, was nur irgendwie nach Westie aussah und dann häufig über Anzeigen in der Tagespresse angeboten. Ob die Elterntiere gesund waren oder die Welpen eine ordentliche Sozialisierung hatten, interessierte nicht und unerfahrene Hundekäufer vergaßen oft beim Anblick der schüchternen kleinen Wonneproppen jeden gesunden Menschenverstand.

Das böse Erwachen kam dann oft beim Tierarzt: Überdurchschnittlich viele Westies leiden an Allergien, Hautkrankheiten und haben ein nicht rassetypisches, verängstigtes Wesen. Aus diesem Grund ist es bei dieser Rasse extrem wichtig, sich an einen seriösen Züchter, der dem KfT oder dem entsprechenden österreichischen beziehungsweise schweizerischen Club angeschlossen ist, zu wenden.

Ein gesunder, rassetypischer Westie ist ein kecker, neugieriger Hund, der sehr anpassungsfähig ist. Er schätzt das Familienleben, schließt sich aber auch gut einer einzelnen Person an. Sehr gut kann man ihn auch ins Berufsleben integrieren – vorausgesetzt, man hat die Erlaubnis des Chefs!

Der Westie muss alle acht bis zehn Wochen getrimmt werden, um flott und fit zu bleiben. Lassen Sie sich diese Prozedur entweder von Ihrem Züchter beibringen, besuchen Sie einen Kurs. Solche werden oft vom KfT organisiert und angeboten oder bringen Sie Ihren Weißen zu einem Hundefriseur, der sich mit der Rasse auskennt. Ungetrimmte Westies brauchen mehr Pflege.

Westies brauchen ein qualitativ sehr hochwertiges Futter. Lassen Sie sich entweder einen Futterplan zum Selberkochen zusammenstellen oder füttern Sie ein gutes Markenfutter für sensible Hunde vom Tierarzt.

Monatliche Futterkosten: ca. 30 €
Fellpflegekosten: 150-250 €/Jahr
(regional sehr unterschiedlich)
Lebenserwartung: ca. 14 Jahre
Welpenpreis: 750-1250 €
Zuchtclubs im VDH:
Klub für Terrier (KfT)

Whippet

FCI-Nr.: 162/10.3
Herkunftsland: Großbritannien
Größe: Rüde 47-51 cm,
Hündin 44-47 cm
Gewicht: ohne Angabe

Viele Menschen denken beim Anblick eines Whippets mitleidig an ein verzärteltes, ängstliches Kreatürchen. Doch genau das Gegenteil ist der Fall: Whippets sind springlebendige, fröhliche Kraftpakete. Ihr Wesen ist meist außerordentlich unkompliziert und offen.

Fremden Menschen und Hunden gegenüber verhalten sie sich in der Regel neutral. An ihren Bezugspersonen hängen sie sehr. Auch die Grunderziehung eines Whippets bereitet in der Regel keine großen Schwierigkeiten. Als Welpen können sie manchmal recht destruktiv sein, also Vorsicht mit Designerschuhen und Stuhlbeinen! Ihren Hetztrieb gilt es mitunter in den Griff zu bekommen, aber auch dies lässt sich mit konsequenter Erziehung meistern.

Whippet.

Von allen Windhunden ist der Whippet mit Sicherheit der alltagstauglichste. Er ist zudem sehr anpassungsfähig und lässt sich in ganz unterschiedliche Lebensmodelle integrieren. Auch wenn er kein Hund ist, der sich stundenlang begeistert Kinderspielen anschließt oder sich gar geduldig von ihnen zausen ließe, toleriert er sämtliche Familienmitglieder in der Regel problemlos.

Kinder müssen wissen, dass auch ein Hund sein Recht auf ungestörte Ruhephasen hat! Mit Katzen, vor allem hundegewohnten, kommt er normalerweise gut zurecht. Bei kleineren Heimtieren und Geflügel sollte man lieber Vorsicht walten lassen. Man kann Whippets sehr gut zu mehreren halten, da der Pflegeaufwand sehr gering ist.

Generell sind Whippets gesundheitlich recht robust. Manche Hunde neigen jedoch zu Durchfall. Sie sollten auf jeden Fall ein hochwertiges Futter erhalten. Viel Bewegungstraining ist bei dieser Rasse außerordentlich wichtig, um sie bei guter Gesundheit zu erhalten! Außerdem muss man darauf achten, dass sie nicht zu lange bewegungslos in Kälte oder Nässe verharren müssen, weil sie weder ein dickes Fell noch eine Fettschicht zur Isolierung haben!

Ab und zu ziehen sich Whippets wegen ihrer dünnen Haut auch kleinere Verletzungen zu, die jedoch meist rasch abheilen. Whippets können – wie alle Windhunde – narkoseempfindlich sein. Klären Sie deshalb beizeiten ab, ob Ihr Tierarzt Erfahrung mit der Narkose bei Windhunden hat! In manchen Linien tritt Kryptorchismus auf, das heißt bei den betroffenen Rüden verbleiben die Hoden in der Bauchhöhle. Solche Hunde sollten kastriert werden.

Monatliche Futterkosten: ca. 25 €
Lebenserwartung: ca. 15 Jahre
Welpenpreis: ca. 800 €
Zuchtclubs im VDH:
Whippet Club Deutschland
Deutscher Windhundzucht- und Rennverband (DWZRV)

Yorkshire Terrier

FCI-Nr.: 86/3.4
Herkunftsland: Großbritannien
Größe: ohne Angabe
Gewicht: höchstens 3,2 kg

Dem Yorkie sieht man seine Herkunft als Mäuse- und Rattenfänger nicht mehr an: Heute ist er weltweit verbreitet als Begleiter eleganter Herrschaften – selten fehlt das obligatorische, neckische Schleifchen auf seinem Kopf. Das glänzende, bodenlange Fell bedarf sorgfältiger Pflege. So mancher Ausstellungshund fristet sein

Leben im Käfig. Meist ist sein Haar auf Lockenwickler aufgedreht, um Haarbruch und Verfilzungen zu vermeiden.

Dabei steckt in vielen Yorkies noch ein echter Terrier: Sie sind neugierig, vorwitzig und halten sich oft für stärker, als sie tatsächlich sind! Versuchen Sie, den kleinen Kerl nicht zu sehr zu verwöhnen, auch wenn er wie alle Zwergrassen unseren Beschützerinstinkt aufs Trefflichste anspricht. Yorkies neigen als Terrier nämlich zum

Yorkshire Terrier.

Größenwahn und das kann sie leicht in brenzlige Situationen bringen.

Scheuen Sie sich nicht, Ihrem Yorkie einen Kurzhaarschnitt verpassen zu lassen, um ihm etwas mehr Bewegungsfreiheit zu geben, denn auch er möchte auf Spaziergängen gerne im tiefen Gras oder im Laub schnüffeln. Lassen Sie ihm sein langes Haarkleid, so machen Sie sich auf eine äußerst zeitintensive Haarpflege gefasst, ohne die der Hund unweigerlich innerhalb kürzester Zeit total verfilzt.

Meiden Sie Zuchten, die mit Mini-Yorkies werben! Gerade die winzigen Exemplare können gesundheitlich anfällig sein. Auch sind Verletzungsrisiken hier viel höher als bei den etwas größeren! Je kleiner der Hund, desto stärker ist meist auch der Zahnstein und die Neigung zu Zahnausfall! Auch Kniescheibenluxationen und Luftröhrenkollaps kommen bei Zwerghunden häufiger vor. Dies gilt übrigens nicht nur für den Yorkshire Terrier, sondern auch für die meisten anderen Zwerghunderassen.

Monatliche Futterkosten: ca. 20 €
Lebenserwartung: ca. 12-15 Jahre
Welpenpreis: 500-1500 €
Zuchtclubs im VDH:
- Klub für Terrier (KfT)
- 1. Deutscher Yorkshire-Terrier-Club (1.DYC)
- Club für Yorkshire-Terrier (CYT)

Zwergpinscher

FCI-Nr.: 185/2.1
Herkunftsland: Deutschland
Größe: 25-30 cm
Gewicht: ohne Angabe

Zwergpinscher.

Der Zwergpinscher soll die verkleinerte Form des Pinschers sein, zeigt aber doch oft typische Verzwergungsmerkmale wie einen gewölbten Schädel und große Augen. Zwergpinscher haben nicht selten ein überproportional zu ihrer Größe ausgebildetes Selbstbewusstsein. Manchmal muss man sie sogar vor sich selber schützen.

Knochenbrüche der fragilen Gliedmaßen kommen bei sehr kleinen Exemplaren immer wieder vor und es ist zu begrüßen, dass wieder mehr Augenmerk auf moderates Gewicht und Körpergröße gelegt wird. Zwergpinscher bellen gerne. Dies sollte man bei der Wohnungshaltung beachten und gegebenenfalls rechtzeitig erzieherisch intervenieren.

Man darf diese kleinen Temperamentsbündel nicht zu sehr verwöhnen, sondern wie einen großen Hund erziehen; sonst tanzen sie einem recht schnell auf der Nase herum! Zwergpinscher eignen sich gut als Begleiter älterer Menschen, da sie mit rührender Anhänglichkeit an ihren Besitzern hängen, nicht sehr viel Auslauf brauchen und gut getragen werden können.

Im Winter müssen sie unter Umständen mit einem kleinen Mäntelchen geschützt werden, da sie ein sehr dünnes Fell haben. Ab und zu treten bei dieser Rasse Kniescheiben-Luxationen und Trachealkollaps auf. Auch Haarausfall wird beobachtet.

Monatliche Futterkosten: ca. 10 €
Lebenserwartung: ca. 13 Jahre
Welpenpreis: ca. 500-700 €
Zuchtclubs im VDH:
Pinscher Schnauzer Klub (PSK)

Verzeichnisse

Adressen

Verband für das Deutsche Hundewesen e.V. (VDH)
Westfalendamm 174
D-44141 Dortmund
Tel: 02 31 / 56 50 00
Fax: 02 31 / 59 24 40
www.vdh.de

Österreichischer Kynologenverband (ÖKV)
Johann-Teufel-Gasse 8
A-1238 Wien
Tel: 00 43-1-8 88 70 92/93
Fax: 00 43-1-8 89 26 21
www.oekv.at

Schweizerische Kynologische Gesellschaft (SKG)
Länggassstrasse 8
Postfach 82 76
CH-3001 Bern
Tel: 00 41-31-3 06 62 62
Fax: 00 41-31-3 06 62 60
www.hundeweb.org

Fédération Cynologique Internationale (F.C.I.)
Place Albert 1er, 13
B-6530 Thuin
Tel: 00 32-71 59 12 38
Fax: 00 32-71 59 22 29
www.fci.be

Welpenvermittlungen der Rassezuchtclubs

1. Basenji Klub Deutschland e.V.
Gaby Mildenberger
Trifelstr. 9
D-67122 Altrip
Tel: 0 62 36 / 3 95 58
Fax: 0 62 36 / 3 95 58
www.basenji-klub.org

1. Deutscher Pekingesen-Club von 1987 e.V.
Günter Horst
Schnurstr. 3
D-42289 Wuppertal
Tel: 02 02 / 62 34 93
Fax: 02 02 / 62 04 66

1. Deutscher Shar-Pei-Club 1985 e.V.
Isolde Kohl-Brusis
Guckenbühl 25
D-85298 Scheyern
Tel: 0 84 41 / 76 03 58
Fax: 0 84 41 / 76 03 59
www.1-dspc.de

1. Deutscher Yorkshire-Terrier-Club e.V.
Margrethe Witkop-Prätorius
Beskenstr. 15
D-45879 Gelsenkirchen
Tel: 02 09 / 14 63 52
www.yorkshire-terrier-club.de

Akita Club e.V.
Susanne Faust
Westenfelder Str. 2
D-38387 Söllingen
Tel: 0 53 54 / 17 91
Fax: 0 53 54 / 84 99
www.akita.de

Allgemeiner Chow-Chow-Club e.V.
Jutta Mayer
Dessauer Str. 9
D-63322 Rödermark
Tel: 0 60 74 / 92 08 01
www.home.t-online.de/home/chow-chow-club

Allgemeiner Club für Englische Bulldogs e.V.
Gerhard + Gisela Klan
Bahnhofstr. 33
D-66999 Hinterweidenthal
Tel: 0 63 96 / 4 80
www.aceb.de

Allgemeiner Deutscher Pudelclub e.V.
Warna Vogel
Paumannstr. 2
D-90469 Nürnberg
Tel: 09 11 / 48 41 43
Fax: 09 11 / 4 80 17 36
www.pudelclub-adpev.de

Allgemeiner Deutscher Rottweiler-Klub e.V.
Geschäftsstelle
Südring 18
D-32400 Minden
Tel: 05 71 / 5 04 04-0
Fax: 05 71 / 5 04 04 44
www.adrk.de

Allgemeiner Klub für Polnische Hunderassen e.V.
Kerstin Thiele
Gebhardtsiedlung 40
D-14712 Rathenow
Tel: 0 33 85 / 50 36 43

Australian Shepherd Association Germany e.V.
Stefanie Weber
Tel: 0 68 43 / 56 11
www.asagev.de

Australian Shepherd Club of Deutschland e.V.
Hauptgeschäftsstelle
Im Mühlenstück 7
D-53639 Königswinter
Tel: 0 22 44 / 87 26 91
www.ascdev.de

Basset-Hound-Club von Deutschland e.V.
Gisela Sickbert
Hummelberg 8
D-78727 Oberndorf
Tel: 07 00 / 22 77 38 00
Fax: 0 74 23 / 95 75 80
www.basset-hound.de

Basset-Hound-Freunde von Deutschland e.V.
Karin Schmidt
Münsterstr. 63
D-45731 Waltrop
Tel: 0 23 09 / 7 27 03
www.basset-hound-freunde.de

Beagle Club Deutschland e.V.
Elke Budde-Eichhorn
Kammerathsfeldstr. 110
D-40593 Düsseldorf
Tel: 02 11 / 70 46 56 ab 18 Uhr: 02 11 / 7 18 43 78
Fax: 02 11 / 7 00 42 72
www.beagleclub.de

Belgische Schäferhunde Berlin e.V.
Irene Beck
Steinstr. 4
D-96135 Stegaurach
Tel: 09 51 / 29 04 25 oder 0 91 94 / 79 77 54 (dienstlich)
www.bsbev.de

Bernhardiner Club Deutschland e.V.
Irene Krienke
Ackerstr. 38
D-85757 Karlsfeld
Tel: 0 81 31 / 9 29 28

Boxer-Klub e.V.
Geschäftsstelle
Veldenerstr. 64 u. 66
D-81241 München
Tel: 0 89 / 5 46 70 80
www.bk-muenchen.de

Briard Club Deutschland e.V.
Vera Sandmann
Georg-Bleibtreu-Str. 20
D-46509 Xanten
Tel: 0 28 01 / 69 66
Fax: 0 28 01 / 69 66
www.briardclub.de

Cavalier-King-Charles-Spaniel Club Deutschland
Elke Bichtler
Neubauerndorf Ost 22
D-04425 Taucha
Tel: 03 42 98 / 3 49 87
Fax: 03 42 98 / 3 49 87

Chihuahua-Club e.V.
Johanna Billhardt
Seilandstr. 23
D-59379 Selm
Tel: 0 25 92 / 15 34

Chihuahua-Klub Deutschland e.V.
Heidi Gehring
Hinter Lehen 4
D-71120 Grafenau
Tel: 0 70 33 / 4 21 25
www.chihuahuaklub.de

Chow-Chow-Club in Deutschland e.V.
Simone Heine
Petzer Str. 18
D-34675 Bückeburg
Tel: 0 57 22 / 16 26
Fax: 0 57 22 / 91 72 65
www.chow-chow-club.de

Club für Britische Hütehunde e.V.
Ursula Zimmer
Dopheide 53
D-33758 Schloß Holte
Tel: 0 52 07 / 83 30
www.cfbrh.de

Club für Dalmatiner-Freunde e.V.
Annemarie Nießen
Menzenweg 4
D-41515 Grevenbroich
Tel: 0 21 84 / 6 24 03
Fax: 0 21 81 / 6 24 04
www.cdf-dalmatiner.de

Club für Exotische Rassehunde e.V.
Linda Reinelt-Gebauer
Weiherstr. 2
D-57629 Steinebach a. d. Wied
Tel: 0 26 62 / 58 94
Fax: 0 26 62 / 55 20

Club für Französische Hirtenhunde e.V.
Annette Hohlbaum
Vorderstieg 21
D-76275 Ettlingen
Tel: 0 72 43 / 1 65 05
www.cfh.de.cx

Cocker Club Deutschland e.V.
Erika Spoo
Birkenfelder Str. 8
D-26160 Bad Zwischenahn
Tel: 0 44 03 / 48 66
www.cockerclub-deutschland.de

Coton de Tuléar Klub e.V.
Dr. Sigrid-Rosemarie Bähring-Kuhlmey
Am Hasenstein 8 d
D-96450 Coburg
Tel: 0 95 61 / 1 55 88

Coton de Tuléar-Verein e.V.
Renate Schindler
Leuchtturmstr. 29
D-26388 Wilhelmshaven
Tel: 0 44 21 / 50 12 97
www.coton.de

Dalmatiner Verein Deutschland e.V.
Marina Mannshardt
Beek 2
D-24641 Stuvenborn
Tel: 0 41 94 / 98 14 56

Deutscher Afghanen-Rassezuchtclub 1988 e.V.
Daniela Bormacher
Pestalozziweg 23b
D-51503 Rösrath
Tel: 0 22 05 / 91 22 19
Fax: 0 22 05 / 91 22 19
www.afghane.com

Deutscher Club für Berner Sennenhunde e.V.
Britta Schnur
Albert-Schweizer-Str. 6
D-65328 Aarbergen
Tel: 0 61 20 / 97 94 17
www.dcbs.de

Deutscher Club für Leonberger Hunde e.V.
Wilma Beutelspacher
Lenauweg 3
D-71229 Leonberg
Tel: 0 71 52 / 2 80 00
www.leonberger-hunde.de

Deutscher Club für Nordische Hunde e.V.
Wilhelm Schulte
Langholter Str. 74
D-26842 Ostrhauderfehn
Tel: 0 49 52 / 65 24
www.dcnh.de

Deutscher Dalmatiner-Club von 1920 e.V.
Sigrid Ronneburg
Postfach 12 41
D-71672 Marbach/Neckar
Tel: 0 71 44 / 63 46
Fax: 0 71 44 / 9 18 74
http://home.t-online.de/home/ddcronneburg/

Deutscher Doggen-Club 1888 e.V.
Siegfried Goldschmitt
Ringstraße 2
D-48480 Lünne
Tel: 0 59 06 / 12 30
www.doggen.de

Deutscher Foxterrier-Verband e.V.
Axel Möhrke
Dorneystraße 65/67
D-44149 Dortmund
Tel: 02 31 / 6 58 12
Fax: 02 31 / 6 58 24

Deutscher Landseer Club e.V.
Christa Matenaar
An der Perlenhardt 1
D-53639 Königswinter
Tel: 0 22 23 / 2 17 12
www.landseer.de

Deutscher Mopsclub e.V.
Inge Wessling
Grundermühle 7
D-51515 Kürten
Tel: 0 22 68 / 14 94
www.mopsclub.de

Deutscher Neufundländer-Klub e.V.
Inge Brüning
Beckmannweg 1
D-46286 Dorsten
Tel: 0 23 69 / 2 45 75
www.neufundlaender-dnk.de

Deutscher Pudel-Klub e.V.
Geschäftsstelle
Am Dock 1
D-26789 Leer
Tel: 04 91 / 6 48 37
Fax: 04 91 / 6 48 03
www.pudel-klub.de

Deutsche Züchtergemeinschaft Rhodesian Ridgeback e.V.
Anne Müller
Osterende 62
D-27389 Helvesiek
Tel: 0 42 67 / 2 48

Hovawart-Club e.V.
Peter Friedrich
Wilhelmstr. 57 a
D-63071 Offenbach
Tel: 0 69 / 85 65 85

Hovawart-Zuchtgemeinschaft Deutschland e.V.
Sigrun Kühn
Am Hüllepfuhl 59
D-13589 Berlin

Tel: 0 30 / 3 73 21 53
www.hovawart-online.de

Deutscher Klub für Belgische Schäferhunde e.V.
Josef Schaller
Brunnenplatz 5
D-88276 Berg-Ravensburg
Tel: 07 51 / 4 31 70
Fax: 07 51 / 5 30 41
www.dkbs.de

Deutscher Malteser-Club e.V.
Dr. Sigrid-Rosemarie Bähring-Kuhlmey
Am Hasenstein 8 d
D-96450 Coburg
Tel: 0 95 61 / 1 55 88

Deutscher Old English Sheepdog Club e.V.
Fam. Ludwig
Fauler Weg 4
D-34414 Warburg-Menne
Tel: 0 56 41 / 81 83
www.doesc.de

Deutscher Retriever Club e.V.
Geschäftsstelle
Dörnhagener Str. 13
D-34302 Guxhagen
Tel: 0 56 65 / 17 34
Fax: 0 56 65 / 17 18
www.deutscher-retriever-club.de

Deutscher Teckelklub e.V.
Prinzenstr. 38
D-47058 Duisburg
Tel: 02 03 / 33 00 05
Fax: 02 03 / 33 00 05
www.teckelklub.de

Deutscher Windhundzucht- und Rennverband e.V.
Peter Richlowsky
Grüne Str. 7
D-31185 Söhlde
Tel: 0 51 29 / 89 19
Fax: 0 51 29 / 88 10
www.dwzrv-windhunde.de

Dobermann-Verein e.V.
Geschäftsstelle
Thorwaldsenstraße 29
D-80335 München
Tel: 0 89 / 1 23 42 24
Fax: 0 89 / 1 23 47 41
www.dobermann.de

English-Setter-Club Deutschland e.V.
Klaus-Peter Färber
Hauptstr. 51
D-55437 Nieder-Hilbersheim
Tel: 0 67 28 / 12 84

Eurasier-Klub e.V.
Annelie Feder
Bleicksweg 6
D-47627 Kevelaer
Tel: 0 28 32 / 8 04 59
www.vdh.de/vereine/eurasier/index.html

Golden Retriever Club e.V.
Jürgen Rüter
Dietrichsweg 68
D-26127 Oldenburg
Tel: 04 41 / 6 74 86
Fax: 04 41 / 6 83 51 22
www.grc.de

Gordon-Setter-Club Deutschland e.V.
Angelika Reiser
Feldstr. 49
D-45549 Sprockhövel
Tel: 0 23 24 / 7 88 97
Fax: 0 23 24 / 91 60 95
www.gordon-setter.de

Internationaler Boxer-Club e.V.
Margret Goerke
Kirchhofweg 14
D-40591 Düsseldorf
Tel: 02 11 / 75 32 36
www.ibc-boxerclub.de

Internationaler Club für Cavalier-King-Charles-Spaniel e.V.
Ute Mühlnickel
Am Atzelberg 11
D-61206 Niederwöllstadt
Tel: 0 60 34 / 78 81
www.cavaliere-vom-icc.de

Internationaler Club für Japan-Chin, Peking-Palasthunde und King-Charles-Spaniel 1920 e.V.
Anni Elsholz
Pappelallee 5
D-51145 Köln
Tel: 0 22 03 / 29 19 32
www.internationaler-club1920ev.de

Internationaler Club für Lhasa Apso und Tibet Terrier e.V.
Ruth Hermanns
Wetschewell 145
D-41199 Mönchengladbach
Tel: 0 21 66 / 5 42 01
Fax: 0 21 66 / 5 42 17
www.ilt-tibet.de

Internationaler Klub für Französische Bulldoggen e.V.
Barbara Pallasky
Victor-Achard-Str. 7
D-61350 Bad Homburg
Tel: 0 61 72 / 30 42 44

Internationaler Klub für Tibetische Hunderassen e.V.
Heidemarie Eickhoff
Burlager Str. 36
D-49419 Wagenfeld
Tel: 0 54 44 / 99 48 85
Fax: 0 54 44 / 99 48 85

Internationaler Shih-Tzu Club e.V.
Angelika Ebner
Trainsjochstr. 29
D-83033 Kiefersfelden
Tel: 0 80 33 / 76 91
Fax: 0 80 33 / 76 91

Irish-Setter-Club Deutschland e.V.
Petra Kleine
Berg 1
D-58540 Meinerzhagen
Tel: 0 23 58 / 3 47

Jagdspaniel-Klub e.V.
Birgit Sauer
Altenbergweg 10/1
D-71546 Aspach
Tel: 0 71 48 / 92 24 00
Fax: 0 71 48 / 92 24 02
www.jagdspaniel-klub.de

Klub für Terrier e.V.
Schöne Aussicht 9
D-65451 Kelsterbach
Tel: 06107/2365
Fax: 06107/63189
www.kft-online.de

Klub für Ungarische Hirtenhunde e.V.
Elfriede Ricklefs
Intscheder Str. 48
D-28277 Bremen
Tel: 04 21 / 82 06 74
Fax: 04 21 / 82 42 35
http://supa.net/kfuh/

Kuvasz-Freunde e.V.
Reiner Pick
Breedenstr. 35
D-49549 Ladbergen
Tel: 0 54 83 / 83 13 13
www.kuvaszfreunde.de

Kuvasz-Vereinigung Deutschland e.V.
Petra Hüber
Am Mühlbach 17
D-73575 Leinzell
Tel: 0 71 75 / 16 20
www.kuvasz.de

Kynologische Gesellschaft für Deutsche Doggen e.V.
Gerd Bachmann
Hagen 12 a
D-41366 Schwalmtal
Tel: 0 21 63 / 4 71 12
www.kydoggen.com

Kynologische Zuchtgemeinschaft Eurasier e.V.
Ingried Böhringer
Merscheider Str. 252
D-42699 Solingen
Tel: 02 12 / 33 05 86
www.kzg-eurasier.de

Labrador Club Deutschland e.V.
Anne Benteler
Kirchbreede 3
D-48317 Drensteinfurt
Tel: 0 25 38 / 91 41 04
Fax: 0 25 38 / 91 41 04
www.labrador.de

Malteser Club Deutschland 1983 e.V.
Johanna Billhardt
Seilandtstr. 23
D-59379 Selm
Tel: 0 25 92 / 15 34

Parson Jack Russell Terrier Club Deutschland e.V.
Karin Wegner
Hebbelstr. 20
D-25336 Elmshorn
Tel: 0 41 21 / 80 77 84
www.parsonjackrussellterrier-club.de

Pinscher-Schnauzer-Klub e.V.
Geschäftsstelle
Barmer Straße 80
D-42899 Remscheid
Tel: 0 21 91 / 5 40 42
Fax: 0 21 91 / 5 53 99
www.psk-pinscher-schnauzer.de

PON Club e.V. Fördergemeinschaft für Polski Owczarek Nizinny
Rita Wopp
Josef-Neuberger-Str. 42
D-40625 SchulenseeDüsseldorf
Tel: 02 11 / 23 13 30
Fax: 02 11 / 23 13 30

Pudel-Zucht-Verband 82 e.V.
Siegbert Meise
Auf dem Langen Kampe 9
D-33607 Bielefeld
Tel: 05 21 / 32 43 92
Fax: 05 21 / 3 04 06 31

Rassezuchtverein für Hovawart Hunde
Christa Hanschmann
Johannes-Brenz-Str. 13
D-75446 Wiernsheim
Tel: 0 70 44 / 92 03 77
www.hovawart.org

Rhodesian Ridgeback Club Deutschland e.V.

Lothar Schneider
Wilhelm-Leuschner-Str. 59
D-68519 Viernheim
Tel: 0 62 04 / 70 53 45
www.rrcd.de

Rhodesian Ridgeback Jagdhundverein e.V.
Christa v. Stetten
Rittergut Garvensburg
D-34560 Fritzlar - Züschen
Tel: 0 56 22 / 29 10
www.club-elsa.de

RZV der Kromfohrländer e.V.
Marion Wisst
Austr. 4
D-73257 Köngen
Tel: 0 70 24 / 8 29 89
www.kromfohrlaender.de

Schweizer Sennenhund-Verein Deutschland e.V.
Margit Bürner
Am Vogelherd 2
D-90587 Obermichlbach
Tel: 09 11 / 76 78 13
Fax: 09 11 / 7 65 86 82
www.ssv-ev.de

Spaniel-Club Deutschland e.V.
Brigitte Meise
Siedlung 36
D-06406 Bernburg
Tel: 0 34 71 / 31 19 82
www.wsw-herne.de/spaniel-club

Spezialclub für Tibet Terrier und Lhasa Apso e.V.
Martha Laudenberg
Kettenberg 11
D-51515 Kürten
Tel: 0 22 68 / 71 53

St. Bernhards-Klub e.V.
Werner Moser
Müncherlbach 61
D-91560 Heilbronn
Tel: 0 98 72 / 1 80 23
www.bernhardiner.de

Verband der Pudelfreunde Deutschland e.V.
Adelheid Hilberoth
Postfach 144
D-21521 Wohltorf
Tel: 0 41 04 / 20 95
www.verband-der-pudelfreunde.de

Verband Deutscher Kleinhundezüchter e.V.
Ursula Janssen
Am Eichenhang 6
D-53894 Mechernich
Tel: 0 24 43 / 44 77
www.kleinhunde.de

Verein für Deutsche Schäferhunde
Clemens Lux
Steinerne Furt 71/71
D-86167 Augsburg
Tel: 08 21 / 7 40 02 - 0
www.schaeferhunde.de

Verein für Deutsche Spitze e.V.
Gerda Kastl
Karl-Kaspar-Str. 15
D-90453 Nürnberg
Tel: 09 11 / 6 38 38 37

Verein für Pointer und Setter e.V.
Gisela von Wrangell
Gut Schönberg
D-73466 Lauchheim
Tel: 0 73 63 / 51 15

Verein Jagdgebrauchsspaniel e.V.
Heidi Herrmann
Komper Str. 32
D-53639 Königswinter
Tel: 0 22 44 / 91 21 06
Fax: 0 22 44 / 91 21 08
www.jagdgebrauchsspaniel.de

Verein von Landseerfreunden und –züchtern in Deutschland e.V.
Dr. Peter Martens
Dorfstr. 75
D-25917 Enge-Sande
Tel: 0 46 72 / 77 77 74
Fax: 0 46 72 / 77 77 76
www.vld-landseer.de

Verein von Neufundländerfreunden und –züchtern in Deutschland e.V.
Ina Rambke
Am Wald 28
D-24340 Goosefeld
Tel: 0 43 51 / 4 59 6
Fax: 0 43 51 / 8 83 18 3
www.vnd-neufundlaender.de

Whippet Club Deutschland 1990 e.V.
Susanne Oschinski
Schafhofweg 14
D-64395 Brensbach
Tel: 0 61 61 / 84 46
www.wcd-online.de

Zuchtgemeinschaft für Eurasier e.V.
Christa Stuhr
Waldkamp 5
D-21039 Börnsen
Tel: 0 40 / 72 97 73 72
Fax: 0 40 / 72 97 73 73
www.eurasier-online.de

Literatur

Adlerkreutz, Johan: Hunderassen aus aller Welt. Müller Rüschlikon, Cham (Schweiz) 2000.

Bartels, Thomas u. Wilhelm Wegner: Fehlentwicklungen in der Haustierzucht. Enke Verlag, Stuttgart 1998.

Baumann, Doris: Nordische Hunde. 3. völl. überarb.Aufl.,Verlag Eugen Ulmer, Stuttgart 1999.

Baumann, Doris: Deutsche Schäferhunde. Verlag Eugen Ulmer, Stuttgart 2000.

Clark, Ross D. (Hrsg.): Medical & Genetic aspects of purebred dogs. Veterinary Medicine Publ., Edwardsville (USA) 1994.

Coren, Stanley: Die Intelligenz der Hunde. Rowohlt Verlag, Hamburg 1995.

Del Amo, Celina: Welpenschule. Verlag Eugen Ulmer, Stuttgart 2000.

De Prisco, Andrew u. James B. Johnson: Kynos Hundeführer, Kynos Verlag, Mürlenbach 1997.

Gebhardt, Heiko u. Gert Haucke: Die Sache mit dem Hund. Heyne Verlag, Hamburg 1988.

Groß, Fritz: Krankheitsdispositionen der Hunde- und Katzenrassen. Eigenverlag, Stuttgart 2000.

Haidle, Noël: Windhunde. Verlag Eugen Ulmer, Stuttgart 2002.

Haug, Alexandra: Berner Sennenhunde. Verlag Eugen Ulmer, Stuttgart 1998.

Herzog, Alexander: Pareys Lexikon der Syndrome. Parey Verlag, Berlin 2001.

Kilcommons, Brian u. Sarah Wilson: Paws to consider. Warner Books, New York 1999.

Lehari, Gabriele: Der grosse Hunde-Kompass. Oertel + Spörer, Reutlingen 2000.

Leyen, Katharina von der: Charakterhunde. BLV, München 1999.

Räber, Hans: Vom Wolf zum Rassehund. Kynos Verlag, Mürlenbach 1999.

Robinson, Roy: Genetics for dog breeders. Pergamon Press, Oxford 1992.

Rogers Clark, Anne u. Andrew H. Brace: Kynos großer Hundeführer. Kynos Verlag, Mürlenbach 1995.

Sambraus, Hans Hinrich u. Andreas Steiger: Das Buch vom Tierschutz. Enke Verlag, Stuttgart 1997.

Schoke, Thomas A.: Herdenschutzhunde. Parey Verlag, Berlin 2000.

Simon, Rainer: Tierschutzrelevante Krankheitsdispositionen ausgewählter ausländischer Hunderassen unter bes. Berücksichtigung der Rassestandards und der Zuchtordnungen. Diss. Med. Vet., München 1998.

Tagmann, A.: Illustriertes kynologisch-ornithologisches Lehr- und Adressbuch. Verlag Dr. Gustav Grunau, Bern 1907.

Thumm, Ursula und Schaal, Monika: Golden Retriever. Verlag Eugen Ulmer, Stuttgart 2000.

Wachtel, Helmuth: Hundezucht 2000. Gollwitzer Verlag, Weiden 1997.

Wegner, Wilhelm: Kleine Kynologie. Terra Verlag, Konstanz 1995.

Wiesner, Ekkehard u. Siegfried Willer: Lexikon der Genetik der Hunderassen. Bibliographisches Institut, Leipzig1983.

Winter, Thorsten: Dackel. Verlag Eugen Ulmer, Stuttgart 2001.

Winter, Thorsten: Rottweiler. Verlag Eugen Ulmer, Stuttgart 1999.

Wippermann, Wofgang u. Detlef Berentzen: Die Deutschen und ihre Hunde. Siedler Verlag, München 1999.

Zaczek, Iain: Hunde in Kunst, Fotografie und Literatur. Taschen Verlag, Köln 2000.

Bildquellen

Angehrn, Imelda, Gossau, Schweiz: Seite 114
Bräuer, Jochen, Pforzheim: Seite 134
Czolgoszewski, Martina, Santa Eularia, Ibiza, Spanien: Seite 71
Goeken, Hella, Lünen: Seite 69
Götz Dr., Eva-Maria, Stuttgart: Seite 47, 94
Grewe, Uschi, Sindelfingen: Seite 75
IPO-Bildagentur, Linsengericht: Seite 74
Juniors/S.Freiburg, Ruhpolding: Seite 150
Juniors/E.Krämer, Ruhpolding: Seite 66
Juniors/M.Wegler, Ruhpolding: Seite 100, 105, 121, 127, 136, 145
Juniors/J.u.P.Wegner, Ruhpolding: Seite 151, 163
Juniors/U.Schanz, Ruhpolding: Seite 162, 168, 170
Klein, J.-L. & M.-L. Hubert, Lupstein, Frankreich: Seite 7, 39, 49, 50, 62/63, 65, 77, 79, 80, 84, 86 (3), 90, 97, 98, 101, 103, 106, 108, 112, 118, 130, 132, 140, 141, 154, 156, 161, 169, 172, 174, 179
Klumpp, Achim, Münster: Seite 129
Kohl-Brusis, Isolde, Scheyern: Seite 166
Kothe, Dieter, Stuttgart: Seite 12 (2), 43, 51, 72, 158
Kuhn, Regina, Stuttgart: Seite 2, 19, 48
Laukner Dr., Anna, Ibiza: Seite 17, 19, 30, 42, 44, 45, 46, 67, 70, 76, 110, 116, 122, 139, 147 unten, 173, 178
Lehari Dr., Gabriele, Reutlingen: Seite 93, 113, 165, 180
Mock, Andrea, Ibiza: Seite 5
Möller-Sieber, Margret, Eiterfeld: Seite 131
Oberdörffer, Inga, Schwäbisch Gmünd: Seite 125
Pfeiffer, Damaris, Urbach: Seite 46
Reinhard Tierfoto, Heiligkreuzsteinach: Seite 81, 82, 85, 88, 92, 95, 137, 142, 144, 147 oben, 149, 152, 175, 176
Rügner, Martin, Bad Winsheim: Seite 124
Schabel, Matthias, Merdingen: Seite 159
Schmid, Theres, Uesslingen: Seite 27
Stuewer, Sabine, Darmstadt: Seite 34
Timm-Burkhardt, Angelika, Bad Oldesloe: Seite 26, 119
Weitl, Gabriele, München: Seite 115

Die Schwarzweißzeichnungen wurden von der Autorin, die Farbzeichnungen von sara_x, Stuttgart, gefertigt.

Impressum

Bibliografische Information Der Deutschen Bibliothek
Die Deutsche Bibliothek verzeichnet diese Publikationen in der Deutschen Nationalbibliografie; detaillierte bibliografische Daten sind im Internet über http://dnb.ddb.de abrufbar.

ISBN 3-8001-3992-8

Wollgrasweg 41, 70599 Stuttgart (Hohenheim)
email: info@ulmer.de
Internet: www.ulmer.de
Printed in Germany
Lektorat: Dr. Eva-Maria Götz, Valeria Slembrouck
Herstellung & DTP: Ulla Stammel
Druck und Bindung: aprinta, Wemding

Register

Mehr Bücher über Hunde:

Stöckchen holen und Pfote geben, das ist bald langweilig. Hundelogisch! Er kann ja viel mehr! 100 Spielideen, Übungen und Tricks für drinnen und draußen. Nach den neuesten Methoden der Verhaltenskunde.
Spielschule für Hunde. 100 Tricks und Übungen. C. del Amo. 3. Aufl. 2002. 190 Seiten, 86 Farbfotos, 19 Zeichn. ISBN 3-8001-4172-8.

Das Buch hilft Ihnen, Notfälle rechtzeitig zu erkennen, die Übersicht zu behalten und die richtigen Schritte einzuleiten. Wichtige Daten und Abläufe sind in Schaubildern zusammengefasst, allgemeine Behandlungsgrundsätze werden durch Maßnahmen für spezielle Notfallsituationen ergänzt.
Grundkurs Erste Hilfe für Hunde. A. Bogitzky. 2000. 111 S., 53 Farbf., 27 Zeichn. ISBN 3-8001-7473-1.

Dieses Buch stellt sämtliche Landeshundeverordnungen übersichtlich dar. Neben dem vollständigen Abdruck der Verordnungstexte enthält es detaillierte Erläuterungen der Länderbestimmungen. Im Zusammenhang mit der Hundehaltung auftretende Rechtsprobleme werden anhand einschlägiger Gerichtsurteile dargestellt.
Maulkorbzwang und Leinenpflicht? Ein Rechtsratgeber für Hundehalter. K. Trahms. 2001. 190 Seiten, 2 Farbf. ISBN 3-8001-3552-3.

Artgerechte Hundehaltung, Welpenentwicklung, Lernverhalten und die rechtliche Situation des Hundehalters.
Der Hundeführerschein. Sachkunde-Basiswissen und Fragekatalog. C. del Amo, R. Jones-Baade, K. Mahnke. 2001. 125 Seiten, 32 Farbf., 5 Zeichn. ISBN 3-8001-3659-7.